蔬菜安全生产技术

赵美华 著

中国农业科学技术出版社

图书在版编目（CIP）数据

蔬菜安全生产技术／赵美华著 . —北京：中国农业科学技术出版社，2016.3

ISBN 978 - 7 - 5116 - 2497 - 0

Ⅰ . ①蔬…　Ⅱ . ①赵…　Ⅲ . ①蔬菜园艺　Ⅳ . ①S63

中国版本图书馆 CIP 数据核字（2016）第 010374 号

责任编辑　　徐　毅
责任校对　　贾海霞

出 版 者　中国农业科学技术出版社
　　　　　北京市中关村南大街 12 号　邮编：100081
电　　话　（010）82106631（编辑室）　　（010）82109702（发行部）
　　　　　（010）82109709（读者服务部）
传　　真　（010）82106631
网　　址　http://www.castp.cn
经 销 者　各地新华书店
印 刷 者　北京华忠兴业印刷有限公司
开　　本　880mm×1230mm　1/32
印　　张　7.625
字　　数　200 千字
版　　次　2016 年 3 月第 1 版　2016 年 7 月第 2 次印刷
定　　价　20.00 元

内容简介

　　本书以蔬菜种植者、基层技术人员和农业园区管理者为对象，着重介绍了蔬菜安全生产标准化栽培的必要性，生产的产地环境条件与认证标准，蔬菜安全生产核心技术。既有实用的理论知识，又有丰富的实战技术，文字叙述深入浅出，通俗易懂，是一本适合当前蔬菜安全生产的科普读物。

作者简介

赵美华，女，1963 年出生，副研究员。1985 年毕业于太原农业技术学校蔬菜专业，2008 年取得中国农业大学农业推广本科学历，2011 年获得山西农业大学园艺蔬菜专业硕士学位。1993 年在埼玉农业大学学习，2006—2007 年以访问学者身份在日本九州大学留学一年。

从事蔬菜科研及大白菜育种研究工作 30 年，主持完成了省、院项目 8 项，其中，省级项目 6 项，院级 2 项；参加完成了国家和省级级项目 9 项，其中，国家级项目 3 项，省级项目 6 项。在国家级、省级刊物上公开发表专业性论文 20 余篇。获奖 8 项，其中，获山西省自然科学奖三等奖 1 项，山西省科技进步奖三等奖 1 项，山西省农村技术承包一等奖 5 项，山西省农村技术承包二等奖 2 项，鉴定成果 2 项。育成并经审（认）定大白菜新品种 7 个，并已在全国各地大面积推广。

前　言

俗话说"宁可三日无荤，不可一日无菜"，蔬菜产品质量安全是关系到人民健康及国计民生的大事，是社会关注的焦点和热点。现实中广大菜农对无公害蔬菜、绿色蔬菜、有机蔬菜缺乏足够的认识，对蔬菜安全生产技术更是知之甚少，习惯采取一些不正确的方法和措施，过度施用化肥、农药，导致蔬菜农药残留量超标，蔬菜品质下降等问题，影响了人们的身心健康。因此，为蔬菜种植户提供安全的生产技术、推广高效安全的关键生产技术刻不容缓，以保证农产品的质量和安全，达到提高农业竞争力、实现蔬菜的可持续发展的目的。

本书以作者所查阅的有关资料及亲自进行的研究和实践为基础，系统介绍了蔬菜安全生产全过程的实用生产技术。全书共分3部分，第一部分标准规范篇，着重介绍了蔬菜安全生产的概念和意义，无公害生产、绿色生产、有机生产对产地环境及生产的要求，"三品一标"的认证等；第二部分基础训练篇，阐述了全方位的蔬菜安全生产所必需的专业知识，从蔬菜栽培的原理到土壤改善、肥料和农药科学化使用技术；第三部分实战操作篇，着重介绍了蔬菜安全生产的实战技术、茬口安排和生产技术流程，呈现了一套切实可行并经过实践检验的安全蔬菜"傻瓜"技术，为蔬菜产量提高以及品质进一步提升带来帮助。

由于作者的水平所限，时间仓促，疏漏、不妥之处在所难免，敬请各位同行、专家和广大读者批评指正。

编著者
2016 年 3 月

目　　录

第一章　标准规范篇

第一节　概　述

一粥一饭当思来之不易，一饮一啄饱蘸苦辣酸甜。

《舌尖上的中国》在央视热播之后引起了极大的反响，人们对这部纪录片的感触各不相同，因为，中国的饮食不只是单一的吃，更多的是包含了一种感动，一种朴实，一种传统，一种文化。毕竟，我们可以不追求色香味俱佳的美食，但我们却不能不吃饭，不能不关注食品的安全、健康和无害。在食品安全问题层出不穷的今天，这一点尤为容易引起公众的关注和兴趣。"这是最坏的时代，这是最好的时代"是中国食品安全现状的最好总结。近些年来，食品安全危机的受众越来越广，涉及食品也越来越多，几乎举目望去，什么都不能吃了。作为一个乐观主义者，笔者并没有因为铺天盖地的曝光新闻而绝望，相反认为，阴暗面能被曝光，正是社会进步的体现。只有被曝光了，我们才知道出现了问题，如何去改善。

说穿了，无非是人与天地万物之间的和谐关系。因为，土地对人类的无私给予，人类对美食的共同热爱，所以，舌尖上的终极标准就是——安全。

一、安全的话题

（一）安全的概念

1. 咬文嚼字话"安全"

在古代汉语中，并没有"安全"一词，但"安"字却在许多场合下表达着现代汉语中"安全"的意义，表达了人们通常理解的"安全"这一概念。例如，"是故君子安而不忘危，存而不忘亡，治而不忘乱，是以身安而国家，可保也。"《易·系辞下》这里的"安"是与"危"相对的，并且如同"危"表达了现代汉语的"危险"一样，"安"所表达的就是"安全"的概念。"无危则安，无损则全"。即安全意味着没有危险，且尽善尽美。这是与人们传统的安全观念相吻合的。

"安全"作为现代汉语的一个基本语词，在各种现代汉语辞书有着基本相同的解释。《现代汉语词典》对"安"字的第四个释义是："平安；安全（跟'危险'相对）"，并举出"公安""治安""转危为安"作为例词。对"安全"的解释是："没有危险；不受威胁；不出事故"。《辞海》对"安"字的第一个释义就是"安全"，并在与国家安全相关的含义上举了《国策·齐策六》的一句话作为例证："今国已定，而社稷已安矣。"

当汉语的"安全"一词用来译指英文时，可以与其对应的主要有 safety 和 security 两个单词，虽然这两个单词的含义及用法有所不同，但都可在不同意义上与中文"安全"相对应。在这里，与国家安全联系的"安全"一词，是 security。按照英文词典解释，security 也有多种含义，其中，经常被研究国家安全的专家学者提到的含义有两方面，一方面是指安全的状态，即免于危险，没有恐惧；另一方面是指对安全的维护，指安全措施和安全机构。

2. 安全的基本定义

人类的整体与生存环境资源的和谐相处，互相不伤害，不存在危险的危害的隐患。

3. 安全的广义与狭义

狭义的安全，就是人类的个体与周围的环境的相容性！相容性很好的话，表明生存环境非常宽容！人们幸福安康娱乐休闲富足！广义的安全则是指人类的生存环境——地球的生态安全！包括来自宇宙的、多种复杂的、天文危险隐患的识别！

安全的通俗理解无危为安，无损为全。安全就是使人的身心健康免受外界因素影响的状态。安全也可以看做是人、机具及人和机具构成的环境三者处于协调/平衡状态，一旦打破这种平衡，安全就不存在了。

安全的高度理解人们可以理解为国家安全、民族安全、政治安全、经济安全、文化安全、国际安全、区域安全，还有常见的企业安全等。

（二）安全文化

1. 安全文化提出的背景

安全文化的概念最先由国际核安全咨询组于1986年针对核电站的安全问题提出。

2. 安全文化的概念

安全文化对文化和安全这两个词使用频率极高，又似乎十分浅显易懂的概念有了与以往大不一样的新的认识，单从词语看，安全与文化是两个不同的词语，但从本质上看，安全就是一种文化，是最原始的文化，是人类一切文化始祖。在当今充满现代气息的浩如烟海的人类文化宝库中，安全文化又是其重要组成部分。它是保护生产力、发展生产力的重要保障，是社会文明、国家综合实力的重要标志；它是当代科技开发与社会发展的基本准则，是人文伦理、文化教育等社会效力的体现；它是文学艺术、美学人学追求的崇高境界，是人性修养、行为规范、道德观念、价值观、人生观的哲学殿堂；它是保护人的身心健康，实现安全、舒适、高效活动的理论与实践指南；它是全人类获得高度物质文明和精神文明的国际规范及戒律标准。

安全是从人身心需要的角度提出的，是针对人以及与人的身心直接或间接的相关事物而言。然而，安全不能被人直接感知，能被人直接感知的是危险、风险、事故、灾害、损失、伤害等。

安全文化就是安全理念、安全意识以及在其指导下的各项行为的总称，主要包括安全观念、行为安全、系统安全、工艺安全等。安全文化主要适用于高技术含量、高风险操作型企业，在能源、电力、化工等行业内重要性尤为突出。安全文化是存在于单位和个人中的种种素质和态度的总和。安全文化的作用是通过对人的观念、道德、伦理、态度、情感、品行等深层次的人文因素的强化，利用领导、教育、宣传、奖惩、创建群体氛围等手段，不断提高人的安全素质，改进其安全意识和行为。

安全文化是在人类生存、繁衍和发展的历程中，在其从事生产、生活乃至实践的一切领域内，为保障人类身心安全（含健康）并使其能安全、舒适、高效地从事一切活动，预防、避免、控制和消除意外事故和灾害（自然的、人为的或天灾人祸的）；为建立起安全、可靠、和谐、协调的环境和匹配运行的安全体系；为使人类变得更加安全、康乐、长寿，使世界变得友爱、和平、繁荣而创造的安全物质财富和精神财富的总和。

3. 分类

安全文化有广义和狭义之别，但从其产生和发展的历程来看，安全文化的深层次内涵，仍属于"安全教养""安全修养"或"安全素质"的范畴。也就是说，安全文化主要是通过"文之教化"的作用，将人培养成具有现代社会所要求的安全情感、安全价值观和安全行为表现的人。

倡导安全文化的目的是在现有的技术和管理条件下，使人类生活、工作更加安全和健康。而安全和健康的实现离不开人们对安全健康的珍惜与重视，并使自己的一举一动，符合安全健康的行为规范要求。人们通过生产、生活实践中的安全文化的教养和熏陶，不断提高自身的安全素质，预防事故发生、保障生活质量，这就是被一部分人认为的安全文化的本质。

4. 目的

在安全生产的实践中，人们发现，对于预防事故的发生，仅有安全技术手段和安全管理手段是不够的。当前的科技手段还达不到物的本质安全化，设施设备的危险不能根本避免，因此，需要用安全文化手段予以补充。安全管理虽然有一定的作用，但是安全管理的有效性依赖于对被管理者的监督和反馈。由管理者无论在何时、何事、何处都密切监督每一位职工或公民遵章守纪，就人力物力来说，几乎是一件不可能的事，这就必然带来安全管理上的疏漏。被管理者为了某些利益或好处，例如，省时、省力、多挣钱等，会在缺乏管理监督的情况下，无视安全规章制度，"冒险"采取不安全行为。然而并不是每一次不安全行为都会导致事故的发生，这会进一步强化这种不安全行为，并可能"传染"给其他人。不安全行为是事故发生的重要原因，大量不安全行为的结果必然是发生事故。安全文化手段的运用，正是为了弥补安全管理手段不能彻底改变人的不安全行为的先天不足。

安全文化的作用是通过对人的观念、道德、伦理、态度、情感、品行等深层次的人文因素的强化，利用领导、教育、宣传、奖惩、创建群体氛围等手段，不断提高人的安全素质，改进其安全意识和行为，从而使人们从被动地服从安全管理制度，转变成自觉主动地按安全要求采取行动，即从"要我遵章守法"转变成"我要遵章守法"。

5. 背景

我国安全文化产生的背景有以下 3 个内容。

（1）生活特点。由现代科学技术构造的现代社会生活（家庭及办公）特点是：技术含量越来越高，机器及物质的品种越来越多，生活及办公室越来越密集化和高层化，人造环境越来越复杂，交通越来越拥挤和城市规模越来越大等。在提高了生活和办公效能的同时也不断发生前所未有的巨大灾害。这样一个社会中的安全问题已不再是手工业时代的安全常识所能解决的，而是需要复杂的现代技术，这就要求公民具有现代安全科学知识、安全价值和安全行为能力。

（2）生产特点。现代工业生产更是技术复杂、大能量、集约化、高速度的过程，一个液氨罐储量可达 5 000m³，一个发电厂的控制台有上百个仪表，一个中等企业有上千名员工，现代工业一旦发生事故损失极大，而现代工业设备又非常复杂，生产、运输及储存都具有很强的技术性，需要多部门、多工种准确地配合，需要高度的责任心和组织纪律、就这要求企业全体人员都具有高度的现代生产安全文化素质，具有现代安全价值观和行为准则。

（3）社会发展。企业管理的方法由单纯的制度管理进入了企业文化管理的时代，即以企业整体的经营文化品格来统一企业的经营管理行为。安全文化是企业整体文化的一部分，是企业生产安全管理现代化的主要特征之一。我国安全生产的形势始终不稳定，不断出现事故突发、火灾造成的严重局面，总结我国几十年安全管理的经验可以看出，传统的单纯依靠行政方法的安全管理不能适应工业社会市场经济发展的需要，营造实现生产的价值与实现人的价值相统一的安全文化，是企业建设现代安全管理机制的基础。

安全文化随着社会经济的发展越来越深入到生活的微细方面，特别是随着网络科技的发展，安全文化已经涉及网络安全隐私方面，因此，国家相关法律也应该跟随安全文化的发展而不断完善。

6. 基本功能

安全文化具有规范人们行为的作用，其基本功能有以下内容。

（1）导向功能。企业安全文化提倡、崇尚什么将通过潜移默化作用，接受共同的价值观念，职工的注意力必然转向所提倡、崇尚的内容，将职工个人目标引导到企业目标上来。

（2）凝聚功能。当一种企业安全文化的价值观被该企业成员认同之后，它就会成为一种黏合剂，从各方面把其成员团结起来，形成巨大的向心力和凝聚力，这就是文化力的凝聚功能。

（3）激励功能。文化力的激励功能，指的是文化力能使企业成员从内心产生一种情绪高昂、奋发进取的效应。通过发挥人的主动性、创造性、积极性、智慧能力，使人产生激励作用。

（4）约束功能。这是指文化力对企业每个成员的思想和行为具有约束和规范作用。文化力的约束功能，与传统的管理理论单纯强调制度的硬约束不同，它虽也有成文的硬制度约束，但更强调的是不成文的软约束。

7. 建设意义

安全文化建设作为提升企业安全管理水平、实现企业本质安全的重要途径，是一项惠及职工生命与健康安全的工程。国家制定的《安全文化建设"十二五"规划》中，提出了"着力加强企业安全文化建设，推动安全文化建设示范工程加强安全文化阵地建设，创新形式，丰富内容，形成富有特色和推动力的安全文化，为实现我国安全生产状况根本好转创造良好的社会舆论氛围"，安全文化建设的重点内容是：推进安全文化示范单位创建，完善评价体系，发挥示范单位的引领作用。安全文化建设工作是作为企业安全基础的班组，并要构建企业班组安全文化建设体系。

公司的安全文化建设，关键是要围绕"建设"做文章，靠有力的组织领导、有序的工作机制、有效的推动措施来保障。其保障措施是：根据不同单位的性质、特点、指导单位建立相应的安全文化建设模式，确立安全生产标准化创建体制，完善安全培训质量考核体系；加强安全文化建设的经费投入，建议安全文化组织队伍；发挥公司内部安全文化骨干单位和教育培训部门的引领作用，鼓励公司党政工团开展安全文化活动，形成多层次、全体员工参与的安全文化建设队伍。

安全文化建设，培养的是一种社会公德。它最终的作用是文化的长久浸润和积累，使企业领导都有和全体职工形成"安全第一"的意识、"生命高于一切"的道德价值观、遵纪守法的思维定势、遵守规章制度的习惯方式和自觉行动；使各单位形成预防为主的政治智慧、以人为本的责任意识、依靠科技支撑保障本质安全的科学眼光、沉着应变的应急指挥能力和素质积累、监管是为员工服务的行为操守。同时，也是安全生产的单位和个人受到尊重，使违法乱纪、制造事故者受到应有的惩罚，从而促进公司的持续、稳定、安全发展。

8. 表现形式

安全文化的研究目标是以辩证、历史、唯物的文化观，研究人类生存、繁衍和发展的历程中，在生产、生活及实践活动的一切领域内，为保障人类身心安全与健康并使其能安全、健康、舒适、高效地从事一切活动，预防、避免、控制和消除事故灾害（人为灾害及自然灾害）和风险所创造的安全物质财富和安全精神财富。研究和发展人类的安全文化，就是要通过确立"以人为本、安全第一"的安全理念，实现人们生存权、劳动权、生命权的维护和保障。

安全文化的研究的具体对象分为：安全观念文化、安全行为文化、安全管理文化和安全物态文化四大范畴。

安全意识，就是人们头脑中建立起来的生产必须安全的观念，也就是人们在生产活动中各种各样有可能对自己或他人造成伤害的外在环境条件的一种戒备和警觉的心理状态。树立安全意识，最主要的一点就是严格执行安全操作规程，执行安全规程不打折扣、不变样。

（1）"安全第一"意识。"安全第一"是做好一切工作的试金石，是落实"以人为本"的根本措施。坚持安全第一，就是对国家负责，对企业负责，对人的生命负责。

（2）"预防为主"的意识。"预防为主"是实现安全第一的前提条件，也是重要手段和方法。"隐患险于明火，防范胜于救灾"，虽然人类还不可能完全杜绝事故的发生，实现绝对安全，但只要积极探索规律，采取有效的事前预防和控制措施，做到防患于未然，将事故消灭在萌芽状态，交通事故是可以大大减少甚至可以避免的。

（3）遵守法律法规意识。随着我国法律意识和法制观念的进一步提高，依法行车是做好道路运输工作的前提，自觉树立法律法规意识，自觉遵章守纪，也是做好安全驾驶的前提。

（4）自我保护意识。安全是自己的，也是大家的。往往因为自己失误，会伤害自己，伤害他人，甚至给国家造成不可估量的损失，危及到社会的稳定。

（5）群体意识。一定要树立良好的群体意识，相互帮助，相互保护，相互协作，密切配合，这是保障安全驾驶的重要条件。例如，在高速公路堵塞时，没有群体意识，任何个人都无法实现单个车辆行走的可能性。

9. 如何树立安全意识

树立安全意识，最主要的一点就是严格执行安全操作规程，执行安全规程不打折扣、不变样，有人没人管在都一个样，有没有监控都一样，坚决杜绝习惯性三违，要养成执行安全规程的习惯，（在这里要求一下，规程是动态，是要保持其先进性、科学性，要符合新设备新工艺及人员素质的变化，而我们有的规程是多少年来都没有变了），在每项工作开始前要想着如何去再熟练的重复一下安全规程。为什么我们个别人有习惯性三违。为什么会有习惯性三违，因为，一次违章就可能出事故，据专家统计每一个习惯性三违需纠正 20 次以上方可予以改正，让每个员工真正培养成执行安全规程的习惯。大量事实证明，我们不少人既是违章作业者，同时，也是事故受害者。

有了安全意识，才能决定你在工作的行为，行为决定你的习惯，习惯决定的素质，素质决定了你的命运，用你的良好安全意识来掌控你命运，大到国家安全，小到周围居家安全。一般我们讲安全，特指某一领域安全，尤其是生产安全。即安全生产。在这里我们说：生产必须安全，安全保障生产，安全是正常有序生产的前提，没有安全的生产是蛮干，是对国家财产、集体财产、个人财产的漠视，是对人民生命的极度不负责任，是渎职和犯罪。国家颁布的《安全生产法》对此有具体的、纲领性的规定，各地方也有相应配套的《安全生产条例》，可以认真一读。

二、食物安全与食品安全

（一）食物安全概念的产生与演变过程

第一步：食物安全的概念，是 1974 年 11 月联合国粮农组织在罗马召开的世界粮食大会上正式提出的。1972—1974 年，发生世界性粮食危机，特别是发展中国家及最贫穷的非洲国家遭受严重粮食短缺，为此，联合国于 1974 年 11 月在罗马召开了世界粮食大会，通过了《消灭饥饿和营养不良世界宣言》，联合国粮农组织（FAO）同时提出了《世界粮食安全国际约定》，该约定认为，食物安全指的是人类的一种基本生存权利，即"保证任何人在任何地方都能得到为了生存与健康所需的足够食品"。大会倡议："每个男子、妇女和儿童都有免于饥饿和营养不良的不可剥夺的权利，消除饥饿是国际大家庭中每个国家，特别是发达国家和有援助能力的其他国家的共同目标"。

第二步：20世纪80年代中期以来，世界性粮食短缺现象基本解决，一些粮食供给不足的发展中国家及最贫穷的非洲国家，主要是外汇的短缺和购买力的不足。正因为如此，1983年4月，粮农组织世界粮食安全委员会通过了总干事爱德华·萨乌马（Edouard Saouma）提出的食物安全新概念。其内容为"食物安全的最终目标是，确保所有的人在任何时候既能买得到又能买得起所需要的任何食品"。这个概念认为食物安全必须满足以下3项要求：①确保生产足够多的食物，最大限度的稳定粮食供应；②确保所有需要食物的人们都能获得食物，尽量满足人们多样化的需求；③确保增加人们收入，提高基本食品购买力。

第三步：20世纪90年代以后，食品的质量和营养问题变得越来越重要。为此，1992年国际营养大会上，把食物安全定义为："在任何时候人人都可以获得安全营养的食品来维持健康能动的生活"。在食物安全定义中增加了"安全和富有营养"的限定语。更值得注意的是，90年代以来，随着国际社会对可持续发展的关注，食物安全与农业可持续发展的联系更加密切，农业资源的可持续利用和生态系统的可持续性已成为食物安全的重要内容，可持续食物日益成为当前和今后食物安全的主题。

纵观食物安全概念产生与变化，可以看出食物安全是一个发展的概念，在同一国家的不同发展阶段，由于食物安全系统的风险因素和风险程度不同，食物安全的内容和目标也不同，本质上是指一个国家抵御食物生产、流通及国内外贸易中可能出现的不测事件的能力以及一个国家在一定的经济发展水平下的食物供给能力和消费能力。

我国是一个人口多、生产资源相对不足的农业大国，粮食仍是中国居民获取能量的主要来源。因此，中国的食物安全应以粮食安全为基础，在满足粮食供求平衡的前提下，考虑其他类食物的供求平衡问题，同时，应高度重视食物质量安全，提高食物可持续发展能力。中国食物安全可以界定为：在中国工业化进程中，能生产出满足国民经济发展与全体居民日益增长的食物数量与质量需求以及具有抵御食物生产、流通和国内外贸易过程中出现的突发事件的能力。

（二）食品安全的概念

1. 食品的概念与功能

我国规定：供人食用或饮用的原料成品。

欧美规定：供人和动物食用或饮用的各种物品。

总之，食品是人类赖以生存的物质基础，就一般意义而言，食品是除药品以外，通过加工制作供人食用，能够止渴和充饥的物质资料的统称，能满足人体的营养需要。从食品来源来讲，食品不仅包括供人食用的各类农产品（如粮食、蔬菜、水果、肉、奶、蛋等），也包括食品工业生产的各类成品食物（如饼干、面包、方便面、罐头等），还包括家庭厨房、餐馆食堂等制作的各种饭菜。

从基本功能来讲，食品既包括供人充饥的物质，也包括供人饮用的各类饮品，还包括满足人们生活习惯的某些物品（如酒类、香烟、茶叶、咖啡等）。在日常生活中，"食物"和"食品"是人们对可食用物质的两种习惯性称呼，就功能而言，两个概念并无本质不同，但从经济学的角度来讲，食品更强调其具有的商品属性，是具有交换价值的流通性的社会消费品。

食品应具备3个基本功能：一是营养功能，即食品能够为人体组织活动提供所需热量和营养成分的功能；二是感官功能，即食品通过其具有的物理性状（如颜色、气味、形状、食品安全的定义及其演变状、质感、味道等）与人体器官发生相互作用，从而增进食欲、促进消化、改善情绪的功能；三是调节补充功能，或称保健功能，即通过食品的摄入，能够刺激和发挥处于亚病态的生理调节功能，补充人体功能缺陷，促进人体向健康状态转变。

2. 食品安全的定义

食品安全是指食品供给能够保证人类的生存和健康。食品安全既包括生产安全，也包括经营安全；既包括结果安全，也包括过程安全；既包括现实安全，也包括未来安全。食品安全的含义有 3 个层次。

第一层，食品数量安全：即一个国家或地区能够生产民族基本生存所需的膳食需要。要求人们既能买得到又能买得起生存生活所需要的基本食品。

第二层，食品质量安全：指提供的食品在营养、卫生方面满足和保障人群的健康需要，食品质量安全涉及食物的污染、是否有毒，添加剂是否违规超标、标签是否规范等问题，需要在食品受到污染界限之前采取措施，预防食品的污染和遭遇主要危害因素侵袭。

第三层，食品可持续安全：这是从发展角度要求食品的获取，需要注重生态环境的良好保护和资源利用的可持续性。

3. 食品安全的科学内涵

第一，食品安全是个综合概念。作为种概念，食品安全包括食品卫生、食品质量、食品营养等相关方面的内容和食品（食物）种植、养殖、加工、包装、储藏、运输、销售、消费等环节。而作为属概念的食品卫生、食品质量、食品营养等（通常被理解为部门概念或者行业概念）均无法涵盖上述全部内容和全部环节。食品卫生、食品质量、食品营养等在内涵和外延上存在许多交叉，由此造成食品安全的重复监管。

第二，食品安全是个社会概念。与卫生学、营养学、质量学等学科概念不同，食品安全是个社会治理概念。不同国家以及不同时期，食品安全所面临的突出问题和治理要求有所不同。在发达国家，食品安全所关注的主要是因科学技术发展所引发的问题，如转基因食品对人类健康的影响；而在发展中国家，食品安全所侧重的则是市场经济发育不成熟所引发的问题，如假冒伪劣、有毒有害食品的非法生产经营。我国的食品安全问题则包括上述全部内容。

第三，食品安全是个政治概念。无论是发达国家，还是发展中家，食品安全都是企业和政府对社会最基本的责任和必须作出的承诺。食品安全与生存权紧密相连，具有唯一性和强制性，通常属于政府保障或者政府强制的范畴。而食品质量等往往与发展权有关，具有层次性和选择性，通常属于商业选择或者政府倡导的范畴。近年来，国际社会逐步以食品安全的概念替代食品卫生、食品质量的概念，更加突显了食品安全的政治责任。

第四，食品安全是个法律概念。进入 20 世纪 80 年代以来，一些国家以及有关国际组织从社会系统工程建设的角度出发，逐步以食品安全的综合立法替代卫生、质量、营养等要素立法。1990 年英国颁布了《食品安全法》，2000 年欧盟发表了具有指导意义的《食品安全白皮书》。部分发展中国家也制定了《食品安全法》。在我国，1995 年颁布了《中华人民共和国食品卫生法》。在此基础上，2009 年 2 月 28 日，十一届全国人大常委会第七次会议通过了《中华人民共和国食品安全法》。2014 年 4 月 24 日，十二届全国人大常委会第十四次会议以表决通过了新修订的《中华人民共和国食品安全法》，于 2015 年 10 月 1 日起正式施行。

第五，食品安全是个经济学概念。在经济学上，"食品安全"指的是有足够的收入购买安全的食品。中国农业大学何宇博士曾对农村消费环境做过调查，他指出，如今广大农村已经成了问题食品的重灾区，假冒伪劣食品出现的频率高、流通快、范围广，不法商人制假售假的手段和形式也更高明、更隐蔽。农村消费者的自我保护意识不强，维权能力较弱。而且随着我国城市化进程加快，这一现象已经扩大到一些城市的城乡结合部和城市下岗失业人群。

4. 食品安全的特性

（1）食品安全的全面性。食品安全应是一个涵盖面很广的概念，涉及食品质量、食品营养、食品卫生等各个方面的相关内容，包括食材供应、加工、包装、运输、储藏、销售、消费等各个环节。而食品质量、食品营养、食品卫生等概念，都不能包含上述的全部内容与环节，且在其内涵与扩展意义层面存在许多重合，只能作为食品安全的从属性概念。

（2）食品安全的动态性。食品安全的概念并非一成不变，而是处在不断的演变与发展之中。随着生物技术与食品检测技术的不断发展，研究手段的不断进步，故有的食品安全理论必然会受到冲击，人们对于关系食品安全性的各种因子的认识必然会被深化或者颠覆。食品生产技术的提高，政府部门监管体系的不断完善，将会使食品的安全性大大提高，食品污染的概率随之降低。而随着社会的进步，人民生活水平的提高，人们对食品安全程度的要求也会相应提高，某些现在看来不是问题的食品安全因子，在将来的某一天很有可能成为重要问题，现存的安全问题随着新技术的开发获得解决后，又将有新的安全问题走进人们的视野。

（3）食品安全的复杂性。食品安全的复杂性有多种情况，主要体现在以下 5 个方面：一是食品经营主体多。据中国烹饪协会去年年底统计，中国内地的餐饮经营主体就超过 480 万户，其中，有 1 209 900 户办理了工商营业执照。二是食品种类多。在我国食品安全的定义及其演变，仅是食品添加剂就有 20 多个类别，2 000 多个品种，包括酸度调节剂、抗氧化剂、漂白剂、着色剂、抗结剂、消泡剂、膨松剂、护色剂、增味剂、防腐剂、甜味剂、增稠剂、香料等。三是监管部门多。工商、经贸、卫生、农业、质检、出入境检验检疫、食品药品监管等分段监管，从田间到餐桌，监管环节多，协调难度大。四是从业人员多。仅全国餐饮从业人员总数已逾 2 200 万，从业人员结构的庞大复杂，也给食品安全带来了隐忧。五是餐饮文化的差异大。我国地域辽阔，饮食习惯与文化差异明显，不同地域对食品的要求千差万别，这就增加了食品安全统一标准制定的难度。

（4）食品安全的长期性。食品生产经营行为是人类生产生活过程中不可或缺的重要组成部分，是一个不断发展变化，新问题与新情况不断涌现的过程。因此，对食品生产经营的监管工作也不可能一劳永逸，而是需要长期的观察、投入和动态规范。

（5）食品安全的社会性。食品安全的社会性也可以叫做食品安全的民生性。食品安全关系到每家每户的一日三餐，成千上万的食品时时刻刻都在生产、销售和消费，时时刻刻关系着世界各国消费者的身体健康与生命安全。食品安全已然成为重要的社会问题、民生问题，甚至人权问题。随着人们的食品安全观念不断提高，因食品问题导致的人身伤害事件，必然会引起这个社会的惊恐和愤怒，影响到人们的消费观念，甚至引发一定的社会动荡。

（6）食品安全的经济性。首先，食品作为一种商品，必然会在经济领域占有一定的比重。从目前的情况来看，要生产安全程度高的食品（如绿色食品、有机食品），不论从原辅料的使用上，还是生产工艺与设备上以及生产管理上的要求，均要高于普通食品。其次，食品安全的内涵应包括普通人群对安全食品具有的购买力。不管市场上食品的总量有多少，质量与安全性有多高，如果普通消费者没有足够的收入来购买这些食品，这对他们来说就是不安全的。通常来说，低收入人群购买食品，先要考虑食品的价格高低，数量多少，只有价格处于可接受的范围内，才会去考虑食品的安全卫生状况。因此，食品安全问题对低收入人群的影响更大。

（三）几个概念的区分

1. 食品安全和食品卫生的区别

一是范围不同。食品安全包括食品（食物）的种植、养殖、加工、包装、储藏、运输、销售、消费等环节的安全，而食品卫生通常并不包含种植养殖环节的安全。

二是侧重点不同。食品安全是结果安全和过程安全的完整统一。食品卫生虽然也包含上述两项内容，但更侧重于过程安全。所以，《食品工业基本术语》将"食品卫生"定义为"为防止食品在生产、收获、加工、运输、储藏、销售等各个环节被有害物质污染，使食品有益于人体健康所采取的各项措施"。食品安全与粮食安全：粮食安全是指保证任何人在任何时候都能得到为了生存与健康所需要的足够食品。食品安全是指品质要求上的安全，而粮食安全则使数量供给或者供需保障上的安全。

2. 食品安全与粮食安全的主要区别

一是粮食与食品的内涵不同。粮食是指稻谷、小麦、玉米、高粱、谷子及其他杂粮，还包括薯类和豆类。而食品的内涵要比粮食更为广泛，包括谷物类、块根和块茎作物类、油料作物类、蔬菜和瓜类、糖料作物类、水果和浆果类、家畜和家禽类、水产品类等。

二是粮食与食品的产业范围不同。粮食的生产主要是种植业，而食品的生产则面向整个国土资源，包括种植业、养殖业、林业等。

三是发展战略和评价指标不同。粮食安全主要是供需平衡，评价指标主要有产量水平、库存水平、贫苦人口温饱水平等。而食品安全主要是无毒无害，健康营养，评价指标主要是理化指标、生物指标、营养指标等。食品安全与生物安全：生物安全是指现代生物技术的研究、开发、应用以及转基因等生物产品的跨国、跨境转移，不存在可能损害或威胁生物多样性、生态环境以及人体健康和生命安全的物质。食品安全与生物安全属于交叉的关系，其中，与生物产品消费相关的安全属于食品安全的范畴，而其他与生物种群、生态环境影响相关的安全则不属于食品安全的范畴。

从上面的分析可以看出，食品安全、食品卫生、食品质量的关系，三者之间绝不是相互平行，也绝不是相互交叉。食品安全包括食品卫生与食品质量，而食品卫生与食品质量之间存在着一定的交叉。以食品安全的概念涵盖食品卫生、食品质量的概念，并不是否定或者取消食品卫生、食品质量的概念，而是在更加科学的体系下，以更加宏观的视角，来看待食品卫生和食品质量工作。例如，以食品安全来统筹食品标准，就可以避免目前食品卫生标准、食品质量标准、食品营养标准之间的交叉与重复。加强法制建设，提高保障水平。

（四）不安全食品的表现形式

从目前发生的食品安全事件来看，各国不安全食品的主要表现形式有以下几种。

1. 污染性食品

即含外来有毒有害物质的食品，包括病原微生物污染的食品、农用化学品污染的食品、环境污染物污染的食品、食品添加物污染的食品等。

2. 假冒伪劣食品

即部分不法商贩仿冒知名食品生产品牌制作的不合格食品。一些不法分子为牟取暴利，大量制假售假，致使假冒伪劣食品充斥市场。尤其是在农村市场，伪劣食品由于价格相对低廉，农民维权意识、法律意识淡薄，地方工商部门打击力度不够，使得假冒伪劣食品在农村市场有着广阔空间。

3. 过期食品

一般而言，食品在一定的温度、湿度等条件下，具有一定的保质期，超过一定的期限，食品中含有的微生物和化学成分便开始发生变化，产生各种对人体有害的物质。食用过期食品会对消费者的生命健康造成不同程度的损害。

4. 变质食品

有些食品虽然不存在过期问题（如水果、蔬菜等农产品），有些加工食品也没有过期，但这些食品不一定就是安全的。因为，在食品储藏、运输过程中，会因为环境条件的不适而发生诸如发芽、生理性病变、氧化等现象，产生对人体有毒有害的物质。

5. 转基因食品

由于目前的科学水平尚不能精确预测转基因技术所造成农作物的变化是否对人体有害，尤其在长期效应上还不能作出科学的判断。虽然，目前还没有明确的证据证明转基因食品会给食用者带来什么危害，但可能存在诸如破坏人体免疫系统、对人体产生毒性以及对环境产生破坏等潜在问题。

6. 部分特殊工艺加工的食品

食品在加工过程中有可能产生有毒有害的物质，这些物质往往留存在食品中，除了油炸食品、腌渍食品、熏制食品等传统工艺生产的食品外，某些采用现代技术加工处理过的食品的安全性同样不容忽视，如发酵食品中产生的生物胺，辐照食品中残留的自由基、产生的未知辐解产物等，都有可能对人体造成潜在危害。

（五）食品污染的分类

食品安全的最基本要求是食品本身不应含有有毒有害的物质，但食品在原材料的种植/养殖、成长、食品加工、储藏、运输、销售和消费等各个环节中，也会受到环境或人为因素的影响，从而导致食品遭受有毒有害物质的入侵而造成污染，这个过程就称为食品污染。这里，我们不妨对食品污染进行大致的分类。

1. 依据污染物的性质进行分类

（1）生物性污染。主要是由有害微生物、有毒代谢产物、病毒、寄生虫及其虫卵、昆虫等引起的。其中，以微生物的污染最为常见。微生物含有可分解各种有机物的酶类。这些微生物污染食品后，在适宜的条件下大量生长繁殖，食品中的蛋白质、脂肪和糖类在各种酶的作用下分解，使食品感官性状恶化，甚至腐败变质。

（2）化学性污染。主要是指化学物质对食品的污染，包括农用化学物质如农药、化肥、兽药在食品中的残留，滥用食品添加剂对食品的污染，非法使用的化学添加剂如苏丹红、孔雀石绿等对食品的污染，有害元素如汞、铅、铬、砷等（主要来源于工业生产所产生的废弃物排放）对食品的污染，食品包装材料或容器如塑料包装物、金属包装物和其他包装物中含有的有害化学成分。

（3）物理性污染。主要指食品生产加工过程中掺入的杂质如石块、玻璃、木屑、金属等和放射性核素超标对食品造成的污染。食品中掺入杂物主要是由于在食品加工和运输中的疏忽，将金属碎片、玻璃碎片等不慎掉入，这些物质可能会对消费者的口腔、食道等造成划伤，给消费者的身心带来痛苦。

农产品中危害物质分类与来源，见图 1 - 1 所示。

2. 依据污染物的来源进行分类

（1）内源性污染。其是指动植物在生长发育过程中，由于其本身带染的生物性或从环境中吸收的化学性或放射性物质而造成的食品污染，称为内源性污染，又称第一次污染。其中，又包括内源性生物

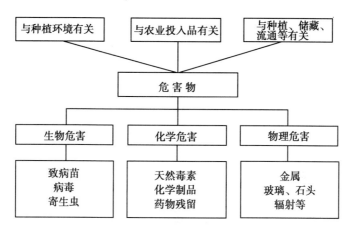

图1－1 农产品中危害物质分类与来源

性污染和内源性放射性污染。内源性生物性污染是指动植物在生活过程中由本身带的微生物或寄生虫而造成的食品污染。动物正常情况下体内存在一些非致病微生物，这些微生物对动物机体是有利的，但当机体处于不良的条件时，如长途运输、饥饿等，机体抵抗力下降，这些微生物便有可能侵入肌肉、肝脏等部位造成动物性食品污染。再如，动物在生长发育过程中被某些致病性微生物感染，像炭疽、布氏杆菌、结核杆菌、寄生虫等，其产品就会带有这些病原微生物或其毒素，从而造成污染。而内源性放射性污染多是指水生生物对放射性物质的浓集作用。

（2）外源性污染。其是指食品在生产、加工、运输、储藏、销售等过程中，由于不遵守操作规程或不按卫生程序操作，导致食品的生物性、化学性或放射性污染，称为外源性污染，又称第二次污染。主要有：水的污染；空气的污染；加工过程中的污染；储藏过程中的污染；病媒害虫的污染。外源性污染依据其性质又可分为外源性生物性污染和外源性化学性污染。外源性生物性污染是指食品在加工、运输、储藏、销售、烹饪等过程中由于不遵守操作规程，使其受到微生物等的污染。主要有：通过水的污染；通过空气的污染；通过土壤的污染；生产加工过程的污染；运输、保藏过程的污染；病媒害虫的污染。外源性化学性污染是指食品在加工、运输、储藏、销售、烹饪等过程中受到有毒害化学物质的污染。主要产生于空气、水、土壤、运输、生产加工等环境或环节。

（六）农产品质量安全

1. 农产品质量安全重要意义

（1）农产品生产安全是保障人类健康的重要基石。

（2）农产品生产安全是实现农业可持续发展的重要内容。

（3）农产品生产安全是提升农产品国际竞争力的重要保证。

（4）农产品安全是提高农业科技水平的重要体现。

（5）农产品生产安全是加速农业现代化的必然选择。

2. 农产品质量安全的现状

套用农业部农产品质量安全监管局局长马爱国原话：

第一句是"总的是好的，是安全的。"2013年全国范围内的例行检测，蔬菜合格率96.6%，畜产品合格率99.7%，水产品合格率94.4%，水产品产地合格率达到98%以上，比上年都有不同程度的提高，保持了比较平稳的局面，呈现出向好的基本态势。

第二句"我们也要看到，特别是在现阶段，面对数量众多，小而分散的生产主体，质量安全的风险隐患依然存在，一些问题也时有发生，质量安全的形势不容乐观。"

第三句"我们肩负的任务非常艰巨。"他说第一位的还是要确保不发生系统性的大风险，解决农产品质量安全可以说是一个长期的过程，既要打攻坚战，又要打持久战；既要治标更要治本。从根本来讲，关键是要转变生产的发展方式，靠现代农业来提升整体产业的素质，从源头上不断地提高质量安全水平。

3. 如何获得食品安全的信息

食品安全监管信息由政府及其有关部门发布。国家食品药品监督管理局负责收集、汇总、分析国务院有关部门的食品安全监管信息，对国内食品安全形势做出分析，并予以发布；综合发布国家食品安全信息。国务院其他有关部门依据有关法律、法规的授权在各自职责范围内负责向社会发布各部门的食品安全信息。其中，农业部门发布有关初级农产品农药残留、兽药残留等检测信息；质检、工商、卫生和食品药品监管四个部门联合发布市场食品质量监督检查的信息。地方政府及其有关部门负责地方食品安全监管信息的发布。因此，通过阅读相关报纸杂志、进入各级食品安全信息网和上述各级部门网站，可以获得大量最新的食品安全信息。

三、蔬菜安全

在我国，涉及蔬菜产品质量安全的概念和标准有五类，按照安全可靠性从低到高分别为放心菜、无公害蔬菜、一般产品、绿色食品、有机食品。

（一）蔬菜安全概念区分

1. 一般产品

这个叫法较少听到，指的是没有特指无公害食品、绿色食品或有机食品的产品，目前，已制定了许多国家或行业标准。从标准的技术内容上看，一般产品标准有等级的要求，而其他几类产品没有。同时，在卫生指标的要求上，一般产品比无公害食品要严。

2. 放心菜

食用后不会造成急性中毒的安全菜。其对应的检测标准是快速检测方法，这种检测方法有一定的局限性，只能测定有机磷等农药，对含硫的蔬菜不适用。

3. 无公害蔬菜

是指产地环境、生产过程和产品质量符合国家或农业行业无公害相关标准，并经产地或质量监督检验机构检验合格，经有关部门认证并使用无公害食品标志的产品。目前，农业部已颁布了 199 个无公害食品标准，蔬菜产品标准有 13 个，其检测内容包括农药残留和重金属。

4. 绿色食品

是指遵循可持续发展原则，按照特定生产方式生产，经专门机构认定，许可使用绿色食品标志的无污染的安全、优质、营养类食品。绿色食品对生产环境质量、生产资料、生产操作等均制定了标准。其标准中，农药残留限量值是参照欧盟的指标制定的。

5. 有机食品

有机食品是来自有机农业生产体系，根据国际有机农业生产要求和相应标准加工的，并通过独立的有机食品认证机构认证的农副产品。而有机农业是一种完全不使化学肥料、农药、生长调节剂、畜禽饲料添加剂等人工合成物质，也不使用基因工程生物及其产物的生产体系。

(二) 蔬菜生产中不安全因素从何而来

我国蔬菜安全问题成为人们日常生活最关注焦点。蔬菜安全问题产生的原因有很多，包括源头污染，如土壤、大气和水域等污染，种植过程和管理的不科学，如滥用农药、化肥等。从农产品的生长过程来分析，造成农产品质量安全隐患的因素主要有 5 个方面。

1. 土壤中的安全隐患

当环境污染物过量地进入土壤，使土壤的正常功能受到影响，土壤所生长的植物和微生物受到危害，并使植物中的污染物含量超过食品卫生标准时，就称该土壤受到污染。土壤中的污染，根据污染物质的性质不同，主要包括无机物和有机物两类。无机物主要有汞、铬、铅、铜、锌等重金属和砷、硒等非金属，有机物主要有酚、有机农药、油类、苯并芘类和洗涤剂类等。上述这些化学污染物主要是由污水、废气、固体废物、农药和化肥带进土壤并积累起来的，在农产品生长过程中随水分和养分一同吸收进入果实，进而影响农产品质量，甚至造成更大的危害。

2. 灌溉用水的安全隐患

由于人类活动排放的污染物进入河流、湖泊、海洋或地下水等水体，使水和水体底泥的物理、化学性质、生物群落组成发生变化，从而降低水体的利用价值的现象，称为水体污染。某些工厂废水中的主要有害物质，见表1-1所示。农业生产离不开水，水体污染后，对种植业、养殖业及加工业都会造成严重影响。农民使用被污染的水灌溉农田，污水中的重金属、硝酸盐、亚硝酸盐、农药、激素等各种有毒有害物质，直接影响农产品的质量，有毒有害物质通过食物链进入人体，对人体健康造成严重威胁。

表1-1　某些工厂废水中的主要有害物质

工厂类型	废水中的主要有害物质
焦化厂	酚类、苯类、氰化物、硫化物、焦油、吡啶、氨等
化肥厂	酚类、苯类、氰化物、铜、汞、氟、碱、氨等
电镀厂	氰化物、铬、锌、铜、镉、镍等
化工厂	汞、铅、氰化物、砷、萘、苯、硫化物、硝基化合物、酸、碱等
石油化工厂	油、氰化物、砷、吡啶、芳烃、酸、碱等
合成橡胶厂	氯丁二烯、二氯丁烯、丁间二烯、苯、二甲苯等
树脂厂	甲酚、甲醛、汞、苯乙烯、氯乙烯等
化纤厂	二硫化碳、胺类、酮类、乙二醇等
纺织厂	硫化物、纤维素、洗涤剂等
皮革厂	硫化物、碱、铬、甲酸、醛、洗涤剂等
造纸厂	碱、木质素、硫化物、氰化物、汞、酚类等
农药厂	各种农药、苯、氯醛、氯苯、磷、砷、氟、铅、酸、碱等
油漆厂	酚、苯、甲醛、铅、锰、铬、钴等
钢铁厂	氰化物、酚、吡啶、酸等
有色冶金厂	氰化物、氟化物、硼、锰、铜、锌、铅、镉、锗、其他稀有金属等

3. 大气污染的安全隐患

空气中某些污染物的数量超过了大气本身的稀释、扩散和净化能力，对人体、动植物产生不良影响时的大气状况，称为大气污染。大气中的有害气体也使农产品污染的重要原因之一，有害气体中主要是工业生产排出的有毒废气，它的特点是流动性强、污染面大，对农产品土壤造成严重污染。工业废气的污染大致分为两类，一类是气体污染，如二氧化硫、氟化物、臭氧等；另一类是气溶胶污染，如粉尘、烟尘等固体粒子及烟雾等液体粒子，工业企业排出的主要污染物，见表1－2所示。它们通过沉降或降水进入土壤，或直接进入农作物体内造成污染。

表1－2　工业企业排出的主要污染物

企业类别	排 出 主 要 污 染 物
火力发电厂	烟尘、SO_2、NOx、CO、苯并芘等
钢铁厂	烟尘、SO_2、CO、氧化铁尘、氧化锰尘、锰尘等
有色金属冶炼厂	粉尘（Cu、Cd、Pb、Zn等重金属）、SO_2等
焦化厂	烟尘、SO_2、CO、H_2S、酚、苯、萘、烃类等
机械加工厂	烟尘等
造纸厂	烟尘、硫醇、H_2S等
灯泡厂	烟尘、汞蒸气等
仪表厂	汞蒸气、氰化物等
水泥厂	水泥尘、烟尘等
石油化工厂	烟尘、SO_2、H_2S、NOx、氰化物、氯化物、烃类等
氮肥厂	烟尘、NOx、CO、NH_3、硫酸气溶胶等
磷肥厂	烟尘、氟化氢、硫酸气溶胶等
氯碱厂	氯气、氯化氢、汞蒸气等
化学纤维厂	烟尘、H_2S、NH_3、CS_2、甲醇、丙酮等
硫酸厂	SO_2、NOx、砷化物等
合成橡胶厂	烯烃类、二氯乙烷、二氯乙醚、乙硫醇、氯化甲烷等
农药厂	砷化物、汞蒸气、氯气、农药等
冰晶石厂	氟化氢等

4. 农药残留的安全隐患

一些生产厂家的药剂中含有隐形成分，如在异丙威烟剂中混有蔬菜上禁止使用的克百威，买药者不知情，使用后造成危害；在一些地方，高毒农药仍然有销售和使用；一些地方的农民往往固守自身经验和用药习惯进行病虫害防治，不合理用药现象（改变使用范围、超剂量使用、在安全采摘期内使用等）较为普遍。所以，农药残留的危害，成了影响初级农产品质量最重要的因素。

5. 畜禽有机污染的安全隐患

畜禽舍内的有害气体主要有氨气（NH_3）、硫化氢（H_2S）、二氧化碳（CO_2）和一氧化碳（CO）等，而且在养殖过程中，使用大量抗生物药、驱虫剂、生长素、杀虫剂和激素药物等。这些药物残留对人体健康危害极大。

（1）NH_3 主要来源于畜禽粪尿的分解。

（2）H_2S 由畜禽舍内的含硫有机物分解而来。

（3）CO_2 主要来源于舍内畜禽的呼吸。

（4）CO 主要来自于冬季在密闭的畜禽舍内生火取暖燃烧不完全导致。

（5）尘主要来自飞扬的饲料粉末和清扫禽舍时扬起的尘土及畜禽体脱落的皮屑、昆虫、微生物等有机物。

（三）蔬菜安全标准

1. 标准的概念和意义

标准是对重复性事物和概念所做的统一规定，它以科学、技术和实践经验的综合成果为基础，经有关方面协商一致，由主管机构批准，以特定形式发布，作为共同遵守的准则和依据。

标准以科学、技术和经验的综合成果为基础，以促进最佳社会效益为目的。实际上，标准就是要求，是市场和消费者的要求。标准是构成国家核心竞争力的基本要素，是规范经济和社会发展的重要技术制度。标准对国民经济和社会发展起到技术支撑和基础保障作用。

标准化是指在经济、技术、科学及管理等社会实践中，对重复性事物和概念通过制定、发布和实施标准，达到统一，以获得最佳秩序和社会效益的活动。

2. 标准的分类

按标准发生作用的有效范围分为不同的级别。从世界范围来看，标准分为国际标准、区域性标准、国家标准、行业标准、地方标准与企业标准。我国目前将标准分为国家标准、行业标准、地方标准和企业标准四级。

（1）国家标准（GB）。国家标准是指对全国经济技术发展有重大意义，必须在全国范围内统一的标准。国家标准是四级标准体系中的主体。

由国务院标准化行政主管部门（现为国家质量技术监督检验检疫总局）指定（编制计划、组织起草、统一审批、编号、发布）。国家标准在全国范围内适用，其他各级别标准不得与国家标准相抵触。

（2）行业标准。行业标准是指对没有国家标准而又需要在全国某个行业范围内统一的技术要求，所制定的标准。

行业标准是对国家标准的补充，是专业性、技术性较强的标准。行业标准的制定不得与国家标准相抵触，国家标准公布实施后，相应的行业标准即行废止。

由国务院有关行政主管部门制定。如农业行业标准（代号为NY）由国家农业部制定。

行业标准在全国某个行业范围内适用。

（3）地方标准（DB）。地方标准是指对没有国家标准和行业标准而又需要在省、自治区、直辖市范围内统一工业产品的安全、卫生要求所制定的标准，地方标准在本行政区域内适用，不得与国家标准和行业标准相抵触。国家标准、行业标准公布实施后，相应的地方标准即行废止。

由省、自治区、直辖市标准化行政主管部门制定。

（4）企业标准（QB）。企业标准是指企业所制定的产品标准和在企业内需要协调、统一的技术要求和管理工作要求所制定的标准。企业标准是企业组织生产，经营活动的依据。

有国家标准、行业标准和地方标准的产品，企业应当制定相应的企业标准，企业标准应报当地政府标准化行政主管部门和有关行政主管部门备案。

企业标准在该企业内部适用。

3. 标准的层次

（1）强制性标准（GB）。强制性标准是国家通过法律的形式明确要求对于一些标准所规定的技术内容和要求必须执行，不允许以任何理由或方式加以违反、变更，这样的标准称之为强制性标准，包括强制性的国家标准、行业标准和地方标准。对违反强制性标准的，国家将依法追究当事人法律责任。

（2）推荐性标准（GB/T）。推荐性标准是指国家鼓励自愿采用的具有指导作用而又不宜强制执行的标准，即标准所规定的技术内容和要求具有普遍的指导作用，允许使用单位结合自己的实际情况，灵活加以选用。

4. 农产品国家认证标准——"三品一标"

（1）认识"三品一标"。无公害农产品、绿色食品、有机农产品和农产品地理标志统称"三品一标"，见图 1-2 所示。"三品一标"是政府主导的安全优质农产品公共品牌，是当前和今后一个时期农产品生产消费的主导产品。纵观"三品一标"发展历程，虽有其各自产生的背景和发展基础，但都是农业发展进入新阶段的战略选择，是传统农业向现代农业转变的重要标志。2011 年 12 月，韩长赋部长对"三品一标"工作的批示（24 字方针）：严格审查，严格监管；稍有不合，坚决不批；发现问题，坚决出局。

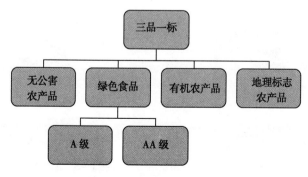

图 1-2 "三品一标"认证

（2）"三品一标"的身份证。

①无公害农产品：是政府质量标志，是政府强制性行为。图案主要由麦穗、对勾和无公害农产品字样组成，麦穗代表农产品，对勾表示合格，金色寓意成熟和丰收，绿色象征环保和安全，见图1-3所示。

图1-3　无公害农产品标志

②绿色食品：是工商注册质量证明商标，属知识产权范围。绿色食品标志图形由3部分构成，上方的太阳、下方的叶片和中心的蓓蕾，象征自然生态；颜色为绿色，象征着生命、农业、环保；整个图形为正圆形，意为安全和保护。绿色食品分为A级和AA级。A级标志为绿底白字，见图1-4所示；AA级标志为白底绿字，见图1-5所示。该标志由中国绿色食品协会认定颁发。

图1-4　A级绿色食品标志

图1-5　AA级绿色食品标志

③有机食品：是工商注册质量证明商标，属知识产权范围。有机

食品标志采用人手和叶片为创意元素。我们可以感觉到两种景象。其一是一只手向上持着一片绿叶，寓意人类对自然和生命的渴望；其二是两只手一上一下握在一起，将绿叶拟人化为自然的手，寓意人类的生存离不开大自然的呵护，人与自然需要和谐美好的生存关系，见图1-6所示。

④农产品地理标志：农产品地理标志公共标志图案由中华人民共和国农业部中英文字样、农产品地理标志中英文字样、麦穗、地球、日、月等元素构成。公共标志的核心元素为麦穗、地球、日月相互辉映，体现了农业、自然、国际化的内涵。标志的颜色由绿色和橙色组成，绿色象征农业和环保，橙色寓意丰收和成熟，见图1-7所示。

图1-6　有机食品标志

图1-7　农产品地理标志

（3）"三品"认证的好处。

①质量安全的表率：无公害农产品、绿色食品、有机食品三者都十分强调食品的安全性问题，因此，大力发展无公害农产品、绿色食品、有机食品是提高我国农产品质量安全的有效途径。

②产品进入市场的门槛：鉴于食品安全问题是人命关天的大事，因此，着力发展无公害农产品是目前我国强化食品质量安全工作的基础，是产品市场准入的最起码要求，是明确的政府行为。

③农业发展的方向：从我国现有的自然、技术、经济和市场等条件看，目前应重点发展无公害农产品，积极培育绿色食品，因地制宜地开发有机食品，这是各地发展特色农业的方向。

④效益提升的捷径："三品"具有优异的品质，独特的商品标志，相对普通农产品在市场竞争力具有明显优势，价格较高，经济效益显著，发展潜力巨大。

（4）"三品"的共同特点。

①都是环保、健康、安全的农产品，都代表中国食品发展的方向。

②都通过产品质量认证的食品（农产品），都有各自的标志。

③都有各自的标准，如生产环境、生产过程、最终产品安全质量提出一套相应的标准。

（5）"三品"的区别。

"三品"的区别，见表 1-3 所示。

表 1-3　"三品"的区别

内容	有机食品	绿色食品 AA 级	绿色食品 A 级	无公害农产品
起因	1972 年国际有机农业运动联合会（IFOAM）成立，开始系统总结和推广有机农业理论和技术，制定有机农业标准，开展生产和认证	1996 年中国绿色食品发展中心为了与国际接轨将我国的绿色食品分为 A 级和 AA 级。AA 级等同于国际有机食品	20 世纪 80 年代末，农垦系统在制定"八五规划"时，专家将无污染的环保型产品定名为绿色食品	1973 年周总理批示农林部开展无公害生产，2003 年启动全国统一无公害农产品认证
目标	从根本上否定人工化学合成生产资料的生产和使用，回归自然良性循环，实现自然社会、伦理价值	满足国际市场对有机食品的要求	保护环境、保障食物安全。好中选好，优质优价，实现经济、社会和生态效益三者统一和协调	环境安全和食品安全
标准	根据国际有机农业联合会有机食品生产加工基本标准而制定的相关的标准和生产进口国家标准，具有国际性	国际有机农业联合会基本标准和我国的产品标准，达到过国际标准	我国农业行业标准、地方标准	我国国家标准，农业行业标准和地方标准

（续表）

内容	有机食品	绿色食品 AA 级	绿色食品 A 级	无公害农产品
运行机制	市场运作（中国有机食品发展中心 OFDC，美国的 OCIA，瑞士的 IMO 等。属公司性质或中介机构）	政府推动、市场拉动。（中国绿色食品发展中心，属事业机构）	政府推动、市场拉动。（中国绿色食品发展中心，属事业机构）	政府推动（国家农牧渔业部，属行政单位）
技术要求	生产过程中允许限量合理使用化学合成物	允许限量合理使用化学合成物	禁止使用任何人工合成的化学物质	允许限量使用限定的化学合成物
消费群体	少数高消费阶层	少数高消费阶层	较高的消费阶层	中低消费阶层
时效	1 年	1 年	1 年	1 年

第二节 无公害农产品

一、无公害农产品概念

《无公害农产品管理办法》规定：无公害农产品是指产地环境，生产过程和产品质量符合国家有关标准和规范的要求，经认证合格获得认证证书并使用无公害农产品标志的未经加工或者初加工的食用农产品。

1. 三个关键控制点

产地环境、生产过程和产品质量。通俗地说：产前基地选择要达到环境质量标准，产中生产要按照操作规程进行，产后商品要达到产品质量标准，然后经有关部门认证合格获得认证证书，并允许使用无公害产品标志的未经加工或初加工的蔬菜。

2. 表现形式

产地认定证书、产品认证证书和公害农产品标志。无公害农产品标志具有权威性、证明性和可追溯性。无公害农产品标志是加施于获得无公害农产品认证的产品，或者其包装上的证明性标记。

二、无公害农产品产生的背景

1. 启动"无公害食品行动计划"

2001 年 4 月 26 日，正式启动了"无公害食品行动计划"，并率先在北京、天津、上海和深圳 4 个大城市进行试点；

从 2002 年 7 月开始，在全国范围内全面推进"无公害食品行动计划"；

2003 年，全国统一标志的无公害农产品认证工作启动。

2. 无公害农产品发展历程

第一阶段：各地探索发展阶段（20 世纪 80 年代至 2003 年）；

第二阶段：全国统一认证阶段（2003—2004 年）；

第三阶段：相对注重发展规模的外延式总量扩张阶段（2005—2011 年）；

第四阶段：更加注重发展质量的内涵式质量提升阶段（2012 年至今）。截至 2013 年年底，全国共认定产地 81 444 个，其中，种植业产地面积占全国耕地面积 50% 左右；全国有效无公害农产品 79 895 个，获证单位 31 371 个，见图 1-8 所示。

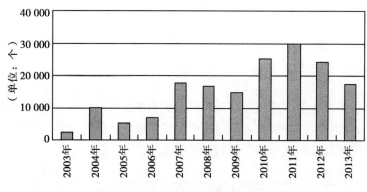

图 1-8　无公害农产品认证数量情况

三、产地条件与管理

（一）无公害农产品产地应当符合下列条件

（1）产地环境符合无公害农产品产地环境的标准要求。

（2）区域范围明确。

（3）具备一定的生产规模。

（二）无公害农产品的生产管理应当符合下列条件

（1）生产过程符合无公害农产品生产技术的标准要求。

（2）有相应的专业技术和管理人员。

（3）有完善的质量控制措施，并有完整的生产和销售记录档案。

（三）从事无公害农产品生产的单位或者个人，应当严格按规定使用农业投入品

禁止使用国家禁用、淘汰的农业投入品。

（四）无公害农产品产地应当树立标示牌，标明范围、产品品种、责任人

（五）技术规范

无公害农产品标准体系，见图1-9所示。

1. 认证、审查

主要包括：《无公害农产品管理办法》《无公害农产品标志管理办法》《无公害农产品产地认定程序》《无公害农产品认证程序》《实施无公害农产品认证的产品目录》《无公害农产品认证检测依据表》《农业部办公厅关于印发茄果类蔬菜等55类无公害农产品检测目录的通知》《关于加强无公害农产品产地认定产品认证审核工作的通知》《无公害农产品认证现场检查规范（修订稿）》《关于进一步改进无公害农产品管理有关工作的通知》《关于实施无公害农产品整体认证的意》《关于规范无公害农产品证书内容变更工作的通知》等。

2. 检测

主要包括：《无公害农产品认证产地环境检测管理办法》《无公害农产品定点检测机构管理办法》等。

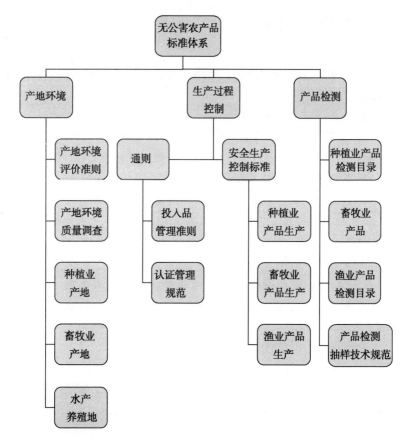

图1-9 无公害农产品标准体系

3. 监督管理

主要包括：《无公害农产品质量与标志监督管理规范》《农产品质量安全事件举报受理和处置工作规范》《无公害农产品、绿色食品质量安全突发事件应急预案》《无公害农产品应急管理规定》等。

4. 人员管理

主要包括：《无公害农产品检查员管理办法》《无公害农产品检查员注册准则》《无公害农产品内检员管理办法》等。

四、无公害农产品产地认定和产品认证申请指南

（一）无公害农产品的认证办理机构

无公害农产品认证的办理机构为农业部农产品质量安全中心，是农业部直属的正局级全额拨款事业单位，负责组织实施无公害农产品认证工作。

（二）认证范围

1. 产品种类

须在《实施无公害农产品认证的产品目录》（农业部　国家认证认可监督管理委员会公告　第 2034 号）公布的 567 个食用农产品目录内，详见中国农产品质量安全网（http：//www. aqsc. agri. gov. cn/wghncp/jsgf/201401/t20140114_ 122158. htm）。

2. 主体资质

应当是具备国家相关法律法规规定的资质条件，具有组织管理无公害农产品生产和承担责任追溯能力的农产品生产企业、农民专业合作经济组织。

3. 产地规模

产地应集中连片，规模符合《无公害食品　产地认定规范》（NY/T 5343—2006）要求，或者各省（区、市）制定的产地规模准入标准。

（三）提交材料清单

1. 首次认证

（1）《无公害农产品产地认定与产品认证申请和审查报告》（以下简称"《申请和审查报告》"）。

（2）国家法律法规规定申请人必须具备的资质证明文件复印件（营业执照、食品卫生许可证、动物防疫合格证等）。

（3）《无公害农产品内检员证书》复印件。

（4）无公害农产品生产质量控制措施（内容包括组织管理、投入品管理、卫生防疫、产品检测、产地保护等）。

（5）最近生产周期农业投入品（农药、兽药、渔药等）使用记录复印件。

（6）《产地环境检验报告》及《产地环境现状评价报告》（由省级工作机构选定的产地环境检测机构出具）或《产地环境调查报告》（由省级工作机构出具）。

（7）《产品检验报告》原件或复印件加盖检测机构印章（由农业部农产品质量安全中心选定的产品检测机构出具）。

（8）《无公害农产品认证现场检查报告》原件（由负责现场检查的工作机构出具）。

（9）无公害农产品认证信息登录表（电子版）。

（10）其他要求提交的有关材料。

农民专业合作经济组织及"公司+农户"形式申报的需要提供与合作农户签署的含有产品质量安全管理措施的合作协议和农户名册，包括农户名单、地址、种植或养殖规模、品种等。

申请材料须装订2份报送县级无公害农产品工作机构，统一以《申请和审查报告》作为封面，其中，1份按照材料清单顺序装订成册，另1份将标"＊"材料装订成册。

2. 扩项认证

扩项认证是指申请主体在已经进行过产地认定和产品认证基础上增加产品种类（同一产地）的认证情形。申请人除了需要提交《申请和审查报告》外，还须提交（5）、（7）、（8）、（9）和《无公害农产品产地认定证书》复印件及已获得的《无公害农产品证书》复印件。

3. 复查换证

复查换证是指证书3年有效期满前按照相关规定和要求提出复查换证申请，经确认合格准予换发新的无公害农产品产地或产品证书。复查换证申报材料除了提交《申请和审查报告》外，还须提交（8）、（9）。产品检验按各省要求执行。

（四）申报流程

申报流程，见图 1 – 10 所示。

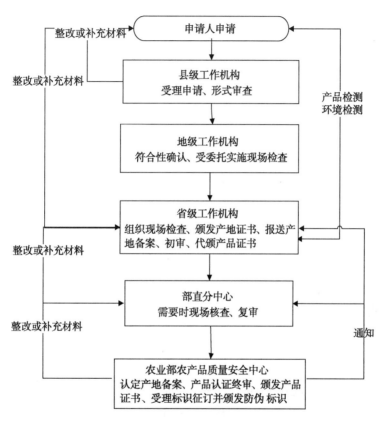

图 1 – 10　申报流程

注：北京、天津、上海、重庆等直辖市和计划单列市及实行"省管县"的地区，地市级工作合并到县级完成。县、地市级工作机构的审查工作内容按各省具体规定执行。

（五）认证周期

省以下审查环节和时限要求由各省（区、市）确定，原则上从县级工作机构受理认证申请（时间从收到申请主体全部合格材料时开始计算）到省级工作机构完成初审时间不超过 45 个工作日。农业部农产品质量安全专业分中心复审和农业部农产品质量安全中心终审时间各不超过 20 个工作日。工作时限不包括材料邮寄、补充材料、整改等时间。补充材料或整改时限不超过 30 个工作日。

（六）进度查询

申报材料审核进度可通过中国农产品质量安全网查询。详见中心网站（http://www.aqsc.agri.gov.cn/wghncp/cpcx/）"产品查询"栏目下"产品查询"→"无公害农产品获证产品目录动态查询"或者"通过认证审核须征订标志产品目录动态查询"。

（七）证书变更

申请主体获证后如需变更证书内容，应填写《无公害农产品证书内容变更申请表》并提供相应证明材料，经省级工作机构核准后报农业部农产品质量安全中心审批。例如，变更申请主体名称的，除了填写《无公害农产品证书内容变更申请表》，须附变更前后申请主体营业执照、工商允许其变更的材料、变更后的产地证书复印件等证明材料。变更申请表在中心网站"关于规范无公害农产品证书内容变更工作的通知（农质安函〔2005〕62 号）"中下载（http://www.aqsc.agri.gov.cn/wghncp/jsgf/201012/t20101230_74648.htm）。

（八）资料下载地址

（1）省级工作机构名录（http://www.aqsc.agri.gov.cn/ztzl/wghgzjg/201304/t20130410_110022.htm）。

（2）无公害农产品产地认定与产品认证申请和审查报告（2014版）（http://www.aqsc.agri.gov.cn/wghncp/zlxz/201404/t20140430_126163.htm）。

（3）无公害农产品认证现场检查规范（修订稿）（http://www.aqsc.agri.gov.cn/wghncp/jsgf/201211/t20121102_100022.htm）。

（4）无公害产地环境检测机构名录（http://www.aqsc.agri.gov.cn/ztzl/wghjcjg/201109/t20110907_82131.htm）。

（5）无公害产品检测机构名录（http://www.aqsc.agri.gov.cn/

ztzl/wghjcjg/201108/t20110825_ 81764. htm）。

（6）无公害农产品认证检测依据表（http：//www. aqsc. agri. gov. cn/wghncp/jsgf/201401/t20140114_ 122156. htm）。

（7）农业部办公厅关于印发茄果类蔬菜等 55 类无公害农产品检测目录的通知（http：//www. aqsc. agri. gov. cn/wghncp/jsgf/201304/t20130416_ 110202. htm）。

（8）无公害农产品认证信息登录表（http：//www. aqsc. agri. gov. cn/wghncp/zlxz/201405/t20140512_ 126502. htm）。

（9）关于启用无公害农产品管理系统的通知（http：//www. aqsc. agri. gov. cn/zhxx/tztb/201404/t20140429_ 126139. htm）。

五、证书使用与管理

（一）证书有效期与变更

证书有效期为 3 年。期满需继续使用的无公害农产品生产者，应当在有效期满 90 日前，按照《无公害农产品认证程序》重新进行申请认证。

（二）证书的暂停

获得产品证书的，有下列情况之一发生的，质量安全中心将暂停其使用证书，并责令限期改正。

（1）生产过程发生变化，产品达不到无公害农产品标准要求。

（2）经检查、检验、鉴定，不符合无公害农产品标准要求的。

（3）产地证书暂停使用的。

（三）证书的撤销

获得产品证书的，有下列情况之一发生的，质量安全中心将撤销其证书。

（1）擅自扩大无公害农产品标志使用范围。

（2）转让、买卖证书和无公害农产品标志。

（3）产地认定证书被撤销。

（4）情节严重的伪造、变造无公害农产品标志行为。

（5）获证产品在质量抽检中检出禁用药物的。

（6）被暂停产品证书未在规定期限内改正的。

第三节　绿色食品

一、绿色食品概念

A 级绿色食品，系指在生态环境质量符合规定标准的产地，生产过程中允许限量使用限定的化学合成物质，按特定的生产操作规程生产、加工，产品质量及包装经检测、检查符合特定标准，并经专门机构认定，许可使用 A 级绿色食品标志的产品。

AA 级绿色食品（等同有机食品），系指在生态环境质量符合规定标准的产地，生产过程中不使用任何有害化学合成物质，按特定的生产操作规程生产、加工，产品质量及包装经检测、检查符合特定标准，并经专门机构认定，许可使用 AA 级绿色食品标志的产品。绿色食品是遵循可持续发展原则，按照特定生产方式生产，经专门机构认定，许可使用绿色食品商标标志的无污染的安全、优质、营养类食品。"按照特定的生产方式"，是指在生产、加工过程中按照绿色食品的标准，禁用或限制使用化学合成的农药、肥料、添加剂等生产资料及其他有害于人体健康和生态环境的物质，并实施从土地到餐桌的全程质量控制。

二、绿色食品应具备条件

（1）绿色食品必须出自优良生态环境，即产地经监测，其土壤、大气、水质符合《绿色食品产地环境技术条件》要求。

（2）绿色食品的生产过程必须严格执行绿色食品生产技术标准，即生产过程中的投入品（农药、肥料、兽药、饲料、食品添加剂等）符合绿色食品相关生产资料使用准则规定，生产操作符合绿色食品生产技术规程要求。

（3）绿色食品产品必须经绿色食品定点监测机构检验，其感官、理化（重金属、农药残留、兽药残留等）和微生物学指标符合绿色食品产品标准。

（4）绿色食品产品包装必须符合《绿色食品包装通用准则》要求，并按相关规定在包装上使用绿色食品标志。

三、绿色食品认证程序

为规范绿色食品认证工作，依据《绿色食品标志管理办法》，制定本程序。凡具有绿色食品生产条件的国内企业均可按本程序申请绿色食品认证。境外企业另行规定。

（一）认证申请

（1）申请人向中国绿色食品发展中心（以下简称中心）及其所在省（自治区、直辖市）绿色食品办公室、绿色食品发展中心（以下简称省绿办）领取《绿色食品标志使用申请书》《企业及生产情况调查表》及有关资料，或从中心网站（网址：www. greenfood. org. cn）下载。

（2）申请人填写并向所在省绿办递交《绿色食品标志使用申请书》《企业及生产情况调查表》及以下材料。

①保证执行绿色食品标准和规范的声明。

②生产操作规程（种植规程、养殖规程、加工规程）。

③公司对"基地＋农户"的质量控制体系（包括合同、基地图、基地和农户清单、管理制度）。

④产品执行标准。

⑤产品注册商标文本（复印件）。

⑥企业营业执照（复印件）。

⑦企业质量管理手册。

⑧要求提供的其他材料（通过体系认证的，附证书复印件）。

（二）受理及文审

（1）省绿办收到上述申请材料后，进行登记、编号，5个工作日内完成对申请认证材料的审查工作，并向申请人发出《文审意见通知单》，同时，抄送中心认证处。

（2）申请认证材料不齐全的，要求申请人收到《文审意见通知单》后 10 个工作日提交补充材料。

（3）申请认证材料不合格的，通知申请人本生长周期不再受理其申请。

（4）申请认证材料合格的，执行第三条。

（三）现场检查、产品抽样

（1）省绿办应在《文审意见通知单》中明确现场检查计划，并在计划得到申请人确认后委派 2 名或 2 名以上检查员进行现场检查。

（2）检查员根据《绿色食品　检查员工作手册》（试行）和《绿色食品　产地环境质量现状调查技术规范》（试行）中规定的有关项目进行逐项检查。每位检查员单独填写现场检查表和检查意见。现场检查和环境质量现状调查工作在 5 个工作日内完成，完成后 5 个工作日内，向省绿办递交现场检查评估报告和环境质量现状调查报告及有关调查资料。

（3）现场检查合格，可以安排产品抽样。凡申请人提供了近一年内绿色食品定点产品监测机构出具的产品质量检测报告，并经检查员确认，符合绿色食品产品检测项目和质量要求的，免产品抽样检测。

（4）现场检查合格，需要抽样检测的产品安排产品抽样。

①当时可以抽到适抽产品的，检查员依据《绿色食品产品抽样技术规范》进行产品抽样，并填写《绿色食品产品抽样单》，同时将抽样单抄送中心认证处。特殊产品（如动物性产品等）另行规定。

②当时无适抽产品的，检查员与申请人当场确定抽样计划，同时将抽样计划抄送中心认证处。

③申请人将样品、产品执行标准、《绿色食品产品抽样单》和检测费寄送绿色食品定点产品监测机构。

（5）现场检查不合格，不安排产品抽样。

（四）环境监测

（1）绿色食品产地环境质量现状调查，由检查员在现场检查时同步完成。

（2）经调查确认，产地环境质量符合《绿色食品 产地环境质量现状调查技术规范》规定的免测条件，免做环境监测。

（3）根据《绿色食品 产地环境质量现状调查技术规范》的有关规定，经调查确认，必要进行环境监测的，省绿办自收到调查报告2个工作日内以书面形式通知绿色食品定点环境监测机构进行环境监测，同时，将通知单抄送中心认证处。

（4）定点环境监测机构收到通知单后，40个工作日内出具环境监测报告，连同填写的《绿色食品环境监测情况表》，直接报送中心认证处，同时，抄送省绿办。

（五）产品检测

绿色食品定点产品监测机构自收到样品、产品执行标准、《绿色食品产品抽样单》、检测费后，20个工作日内完成检测工作，出具产品检测报告，连同填写的《绿色食品产品检测情况表》，报送中心认证处，同时，抄送省绿办。

（六）认证审核

（1）省绿办收到检查员现场检查评估报告和环境质量现状调查报告后，3个工作日内签署审查意见，并将认证申请材料、检查员现场检查评估报告、环境质量现状调查报告及《省绿办绿色食品认证情况表》等材料报送中心认证处。

（2）中心认证处收到省绿办报送材料、环境监测报告、产品检测报告及申请人直接寄送的《申请绿色食品认证基本情况调查表》后，进行登记、编号，在确认收到最后一份材料后2个工作日内下发受理通知书，书面通知申请人，并抄送省绿办。

（3）中心认证处组织审查人员及有关专家对上述材料进行审核，20个工作日内做出审核结论。

（4）审核结论为"有疑问，需现场检查"的，中心认证处在2

个工作日内完成现场检查计划，书面通知申请人，并抄送省绿办。得到申请人确认后，5 个工作日内派检查员再次进行现场检查。

（5）审核结论为"材料不完整或需要补充说明"的，中心认证处向申请人发送《绿色食品认证审核通知单》，同时抄送省绿办。申请人需在 20 个工作日内将补充材料报送中心认证处，并抄送省绿办。

（6）审核结论为"合格"或"不合格"的，中心认证处将认证材料、认证审核意见报送绿色食品评审委员会。

（七）认证评审

（1）绿色食品评审委员会自收到认证材料、认证处审核意见后 10 个工作日内进行全面评审，并做出认证终审结论。

（2）认证终审结论分为两种情况。

①认证合格。

②认证不合格。

（3）结论为"认证合格"，执行第八条。

（4）结论为"认证不合格"，评审委员会秘书处在做出终审结论 2 个工作日内，将《认证结论通知单》发送申请人，并抄送省绿办。本生产周期不再受理其申请。

（八）颁证

（1）中心在 5 个工作日内将办证的有关文件寄送"认证合格"申请人，并抄送省绿办。申请人在 60 个工作日内与中心签订《绿色食品标志商标使用许可合同》。

（2）中心主任签发证书。

四、标志使用

（一）绿色食品标志有效期

绿色食品标志使用证书有效期 3 年。证书有效期满，需要继续使用绿色食品标志的，标志使用人应当在有效期满 3 个月前向省级工作机构书面提出续展申请。省级工作机构应当在 40 个工作日内组织完成相关检查、检测及材料审核。初审合格的，由中国绿色食品发展中心在 10 个工作日内作出是否准予续展的决定。准予续展的，与标志使用人续签绿色食品标志使用合同，颁发新的绿色食品标志使用证书并公告；不予续展的，书面通知标志使用人并告知理由。

标志使用人逾期未提出续展申请，或者申请续展未获通过的，不得继续使用绿色食品标志。

（二）标志使用管理

（1）在获证产品及其包装、标签、说明书上使用绿色食品标志。

（2）在获证产品的广告宣传、展览展销等市场营销活动中使用绿色食品标志。

（3）在农产品生产基地建设、农业标准化生产、产业化经营、农产品市场营销等方面优先享受相关扶持政策。

第四节　有机食品

一、有机食品概念

有机食品来自于有机农业生产体系，根据国际有机农业生产要求和相应的标准生产加工的，通过独立的有机食品认证机构，如国际有机农业运动联盟（FOAM）认证食品称为有机食品。在生产中不使用人工合成的肥料、农药、生长调节剂和畜禽饲料添加剂等物质，不采用基因工程获得的生物及其产物，遵循自然规律和生态学原理，采取一系列可持续发展的农业技术，协调种植业和养殖业的关系，促进生态平衡、物种的多样性和资源的可持续利用。有机食品这一词是从英文 Organic Food 直译过来的，其他语言中也有称生态或生物食品等。

二、有机食品应具备条件

（1）原料来自于有机农业生产体系或野生天然产品。

（2）有机食品在生产和加工过程中必须严格遵循有机食品生产、采集、加工、包装、储藏、运输标准，禁止使用化学合成的农药、化肥、激素、抗生素、食品添加剂等，禁止使用基因工程技术及该技术的产物及其衍生物。

（3）有机食品生产和加工过程中必须建立严格的质量管理体系、生产过程控制体系和追踪体系，因此，一般需要有转换期；这个转换过程一般需要 2～3 年时间，才能够被批准为有机食品。

（4）有机食品必须通过合法的有机食品认证机构的认证。

三、有机食品生产的基本要求

（1）生产基地在最近 3 年内未使用过农药、化肥等违禁物质。

（2）种子或种苗来自自然界，未经基因工程技术改造过。

（3）生产单位需建立长期的土地培肥、植保、作物轮作和畜禽养殖计划。

（4）生产基地无水土流失及其他环境问题。

（5）作物在收获、清洁、干燥、储存和运输过程中未受化学物质的污染。

（6）从常规种植向有机种植转换需 2 年以上转换期，新垦荒地例外。

（7）生产全过程必须有完整的记录档案。

四、有机食品主要国内外颁证机构

中国的 OFDC（中国环境保护局有机食品开发部）；

美国的 OCIA（全称"国际有机作物改良协会"）；

德国的 ECOCERT、BCS 和 GFRS；

荷兰的 SKAL；

瑞士的 IMO；

日本的 JONA；

法国的 IFOAM 等。

五、申请有机食品的认证与期限

（1）提出申请，填写申请表。

（2）填写调查表并提供有关材料。

（3）认证机构审查材料并派遣检查员实地审查（包括产品抽样）。

（4）检查员将实地检查报告报送颁证委员会。

（5）颁证委员会根据综合材料进行评审，评审结果为：

①同意颁证。

②转换期颁证或有条件颁证。

③不能颁证。

（6）签订标志使用合同并颁证。

（7）按照国际惯例，有机食品标志认证一次有效许可期限为一年。一年期满后可申请"保持认证"，通过检查、审核合格后方可继续使用有机食品标志。

第五节　农产品地理标志

一、农产品地理标志的概念

农产品地理标志，是指标农产品来源于特定地域，产品品质和相关特征主要取决于自然生态环境和历史人文因素，并以地域名称冠名的特有农产品标志。

二、农产品地理标志认证

（一）申请农产品地理标志登记的条件

申请地理标志登记的农产品，应当符合下列条件：称谓由地理区域名称和农产品通用名称构成；产品有独特的品质特性或者特定的生产方式；产品品质和特色主要取决于独特的自然生态环境和人文历史因素；产品有限定的生产区域范围；产地环境、产品质量符合国家强制性技术规范要求。

（二）对农产品地理标志登记申请人资质有要求

农产品地理标志登记申请人应当是由县级以上地方人民政府择优确定的农民专业合作经济组织、行业协会等服务性组织，并满足以下3个条件：具有监督和管理农产品地理标志及其产品的能力；具有为地理标志农产品生产、加工、营销提供指导服务的能力；具有独立承担民事责任的能力。

农产品地理标志是集体公权的体现，企业和个人不能作为农产品地理标志登记申请人。

（三）农产品地理标志登记申请需要提交材料

符合农产品地理标志登记条件的申请人，可以向省级人民政府农业行政主管部门提出登记申请，并提交下列申请材料：登记申请书；申请人资质证明；产品典型特征特性描述和相应产品品质鉴定报告；产地环境条件、生产技术规范和产品质量安全技术规范；地域范围确定性文件和生产地域分布图；产品实物样品或者样品图片；其他必要的说明性或者证明性材料。

（四）农产品地理标志登记审查的流程

县和市级农产品质量安全检测中心负责材料整理上报；

省农产品质量安全检测中心进行初审和现场核查；

农业部农产品质量安全中心进行审查、组织专家评审通过、社会公示无异议；

农业部颁发《中华人民共和国农产品地理标志登记证书》。

三、标志使用

（一）农产品地理标志使用

农产品地理标志使用人享有以下权利：可以在产品及其包装上使用农产品地理标志；可以使用登记的农产品地理标志进行宣传和参加展览、展示及展销。

农产品地理标志使用人应当履行以下义务：自觉接受登记证书持有人的监督检查；保证地理标志农产品的品质和信誉；正确规范地使用农产品地理标志。

（二）国家对农产品地理标志监督管理

县级以上人民政府农业行政主管部门应当加强农产品地理标志监督管理工作，定期对登记的地理标志农产品的地域范围、标志使用等进行监督检查。登记的地理标志农产品或登记证书持有人不符合相关规定的，由农业部注销其地理标志登记证书并对外公告。对于伪造、冒用农产品地理标志和登记证书单位和个人，由县级以上人民政府农业行政主管部门依照《中华人民共和国农产品质量安全法》有关规定处罚。

第二章　基础训练篇

"知己知彼，百战不殆"。要想搞好蔬菜生产，了解蔬菜生产的特点是重要的基础。就蔬菜生产整体而言，至少具备以下与大田粮、棉、油生产不同的特点。

1. 在每日供应上，多不得，少不得，天天离不得

由于生活水平的不断提高，人们每日粮食的食用量下降，而蔬菜的食用量反而增加，其数量超过了粮食。蔬菜的需求要求新鲜，而绝大多数蔬菜是含水量极高的鲜品，不耐储存，不宜长途运输。当供大于求，价格下降，菜贱伤农；当供不应求，价格上扬，菜贵伤民。

2. 在供应类型上，种类多，品种多，要丰富多彩

粮、棉、油生产的面积虽大，但种类相对不多，品种也是这样。而蔬菜生产的种类及品种则愈来愈丰富，高档菜、特菜不断更新，"大路菜""当家菜"的需求量逐渐缩小、淡化。

3. 在产品供应上，一年四季均衡上市，消灭淡旺季

季节性生产是农业生产的重要特点，大田粮、棉、油生产也有季节性，但产品供应是一次收获，陆续供应，受季节影响小，基本不存在"淡旺季"现象。而蔬菜既难以储存，又要每日均衡供应，这是蔬菜生产重要特点，也是气候相对寒冷地区的一大难题，所以，设施农业先从蔬菜生产开始，由北向南逐渐发展，但设施条件、生产技术各不相同，都绝不要简单照搬，"因地制宜"尤其重要。

明确蔬菜生产的特点，要搞好蔬菜生产和经营，实现高产优质，需要一些基本功，名为"五功"：知菜性、懂泥性、明肥性、识药性、辨害性。

告诉你不知道的，但是你应该知道的。

第一节 知菜性

种菜首先要了解各种蔬菜的特性，蔬菜是一个庞大的植物群，我国食用蔬菜就有 56 科，229 种，在我国普遍栽培的有 50~60 种。蔬菜的特性，总是受原产地的影响，在不同程度上打着"故乡"的烙印，从而形成了它们各自的生物学特性，掌握其生长发育规律和对环境条件的要求，让其吃好、喝好、住好，采取高效、低耗的综合措施，从而获得高产优质的产品。

一、认识菜园植物

植物体是有一定结构层次的，从小到大：细胞是构成植物体的结构和功能的基本单位；由形态相似、结构和功能相同的细胞联合在一起形成的细胞群，称为组织；由不同的组织按照一定的次序结合在一起构成根、茎、叶、花、果实和种子六大器官，六大器官构成绿色开花植物体，植物体结构层次，见图 2-1 所示。

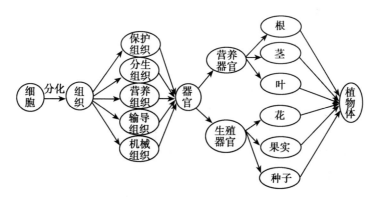

图 2-1 植物体结构层次

植物的几种主要组织及其分布与功能，见表 2-1 所示。

表 2 – 1　植物组织及其分布与功能

组织名称	分布	主要功能
分生组织	根尖、茎尖	分裂能力强，能不断产生新细胞
保护组织	根、茎、叶的表面	保护内部柔弱部分
输导组织	主要是根、茎中的导管、叶脉	起到运输物质的作用
营养组织	根、茎、叶、花、果实、种子	制造和储存营养物质，含叶绿体的营养组织还能进行光合作用
机械组织	茎、叶柄、叶片、花柄、果皮、种皮等处	支撑和保护

　　根、茎、叶、花、果实、种子六大器官都对植物的生存、繁衍起到某种作用。

　　（一）植物的根——相当于人的嘴

　　根的类型分为定根和不定根，根系的类型分为直根系和须根系。你见过农民在水稻田里插秧吗？那秧苗的根就像人的胡须一样，没有主根，所以，把它称做为须根系（图 2 – 2）。许多植物，如葱、蒜、韭菜、食用百合等，也像水稻一样，长着无数纤细的根，向四面八方伸展。另一些植物的根，如胡萝卜、萝卜、白菜、甘蓝、番茄、辣椒、茄子、刀豆、黄瓜、青菜、豆类，土豆却不一样。它们长着一条明显的主根，直直的往下生长，主根上又分生出许多侧根，倾斜或水平的伸展。这种根叫直根系（图 2 – 2）。每条根都会长出许多支根，支根又生出许多次级支根。如果把这些根、支根全部连接起来，你猜一猜会有多长？不是几厘米、几米，而是几十千米、几百千米长！例如，一棵黑麦的支根总共有 1 300 万 ~ 1 400 万条，如果把它们连接起来，可达 623 千米长！另外，每条根上还长着细小的根毛。一棵植物的根毛多达 140 亿条，如果把它们连接起来，总长度可达 9 654 千米呢！

　　根的顶端部分叫做根冠。根冠非常坚韧，有钻探能力，能穿透土块，绕过石头，甚至能扎入岩石的缝隙，寻找和吸收水分和养分。紧接在根冠后面的是生长区，通过根细胞分裂与增大，不断推动根冠向

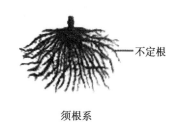

图 2 - 2　直根系和须根系

前进，生长区之后是伸长区，根的结构，见图 2 - 3 所示。

根的颜色有白色、黄褐色和黑色之分，不同的颜色表示不同的根系活力。白色根的活力最强，黄褐色根活力下降，而黑根已基本失去活力。这和我们人的头发从黑发到花白再到白色的变化正好相反。通过栽培管理，保持根系活力，减少黑根的发生，

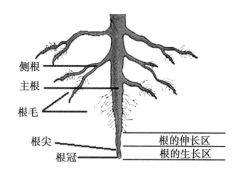

图 2 - 3　根的结构

是获得高产的重要保障。根系与地上部生育有密切关系。只有根系发达，地上部器官生长才能旺盛，"根深叶茂"就是这个道理。那根系有些什么重要作用呢？它除了能固定植株与支持作用、输导作用、合成功能、储藏与繁殖外，根的主要功能是吸收土壤中的水分和养分，而根毛是通过渗透作用完成这一任务的。

什么叫渗透作用呢？我们知道煮菜的时候，如果在锅里撒盐，不一会儿，菜里的水分就会出来，而汤里的盐分也会渗入菜，直到菜和汤一样咸。这就是渗透作用的缘故，即物质会从高浓度区向低浓度区扩散，直到两边浓度达到平衡。当土壤中水分和养分的浓度高于根毛

细胞内部的浓度时，养分就会穿过根毛细胞壁流入根毛。

由于根毛细胞壁的孔隙非常小，只有水分子以及溶解于水中的矿物质分子才能穿得过。那些不能溶解于水的养料就不能被根所吸收了。

由于植物的叶子不断地蒸发水分，各部器官不断的消耗养分，一般来说，植物总是从土壤中吸收水分和养分，而不会流失水分和养分。

豆科植物有着非常特别的根。它们的根上长着一些"小瘤"，里面住着根瘤菌。这些微生物能将空气中的氮转换成可溶于水的氮肥，为植物提供养分。

（二）植物的茎——输液管道

植物的茎里有许多中空的小管子，能把根吸收的水分和养分输送到叶子、花和果实；也能把叶子制造的糖分输送到花、果和根。

木本植物的茎是坚硬的木质，如各种树木，还有像玫瑰、茉莉之类的花卉。草本植物的茎是柔软的，如大部分的蔬菜、草药。还有的植物茎是蔓生的，如南瓜、黄瓜、西瓜、豌豆等。

有些植物的茎可以储存淀粉和养分，如土豆、芋头、甘薯、山药都是茎的地下部分膨大形成的块茎，而不是根。洋葱、大蒜、百合等植物的茎的地下部分则形成球茎。

有些植物，如仙人掌的茎还能储存水分呢。

（三）植物的叶——神奇的食物制造厂

地球上只有绿色植物、某些海藻和细菌能自己制造食物，而其他所有生物都是靠它们所制造的食物才得以生存。如果没有绿色植物，地球上所有的人和动物都会饿死。

1772 年，英国化学家约瑟夫·普利斯特利发现，绿色植物会产生一种对人和动物有益的气体。7 年后，荷兰物理学家詹·英根豪证明，这种气体只有在日光照射下才产生。后来人们发现，这种气体就是氧气。人和动物都需要呼吸氧气。

那么，绿色植物制造食物需要什么原料呢？1800 年左右，科学家们找到了答案：原料就是水和二氧化碳，而制造工厂就是植物的叶片。虽然绿色植物叶子的形状、大小和叶脉纹路都不一样，但它们的叶片中都含有叶绿素。叶绿素在日光照射下能将水和二氧化碳合成碳水化合物，人们把这一过程称为光合作用。19 世纪中叶，科学家们才确定这种碳水化合物就是葡萄糖，分子式是 $C_6H_{12}O_6$。

　　光合作用产生的葡萄糖有一部分被转换成淀粉，储存在根茎和果实中；另一些糖则被转换成纤维素，用来形成植物的纤维。还有一些糖被输送到植物体内各个部分，在那里分解成二氧化碳和水，并释放出能量，供给细胞来完成各种生命所需的工作，这个过程叫呼吸作用。与光合作用正相反，植物的呼吸作用是吸入氧气，呼出二氧化碳。植物的光合作用和呼吸作用，见图 2-4 所示。

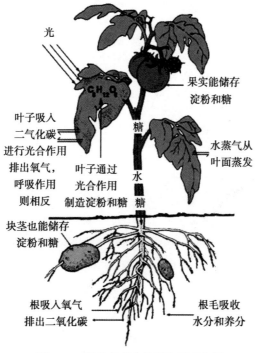

图 2-4　植物的光合作用和呼吸作用

（四）植物的花

植物开花是为了结果，果实里包着种子，种子落在地里，又长起来，这样植物的生命就得以繁衍。这种繁殖方式称为有性繁殖。当然，有些植物也可以用插枝的方法繁殖，或者将其块茎埋在土中来繁殖，这种繁殖方式叫做无性繁殖。在人们已知的35万余种植物中，有25万多种是有性繁殖的。

植物的花是由花萼、花托、花瓣和花蕊等部分构成的，花的结构，见图2-5所示。这几个部分都具备的花叫做完全花，但许多植物的花并不完全。

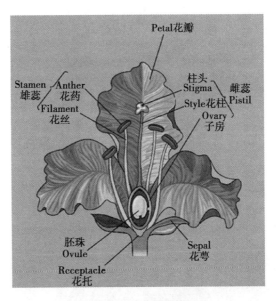

图2-5 花的结构

按照花蕊的有无，我们把花分为两性花和单性花。两性花既有雌蕊又有雄蕊，单性花只有雄蕊或只有雌蕊。只有雌蕊的花称为雌花，只有雄蕊的花称为雄花。雌蕊可以结果实，雄蕊可以产生花粉。因此两性花和雌花都能结果；两性花和雄花都能产生花粉。有的植物的花里既有雌蕊又有雄蕊，如番茄、油菜的花；但有的植物的花里只有雌蕊或只有雄蕊，如南瓜、黄瓜的花。有的植物是雌雄同株，如南瓜、黄瓜，一棵植物上既开有雄花又开有雌花；有的植物是雌雄异株，如芦笋，一棵植物上只开雄花或只开雌花。

雄蕊顶端是花药，会产生花粉粒。雌蕊顶端是柱头，通过花柱连接着子房。

柱头会分泌一种黏质，当花粉粒落在柱头上时，就被黏住。于是花粉粒受刺激而长出花粉管，同时，在管内发育出两个精细胞。花粉管逐渐伸长，进入胚珠后，一个精细胞与卵细胞结合，形成胚；另一个精细胞与胚珠中其他细胞结合，形成储存营养的胚乳。

蜜蜂、蝴蝶等昆虫，还有风，都能把雄蕊的花粉带到雌蕊柱头上，起到授粉的作用。在蜜蜂、蝴蝶比较少见的地方，人们往往要进行人工授粉。花的受精过程，见图 2 – 6 所示。①这是一朵有 6 个胚珠的花；②蜜蜂将花粉带到雌蕊的柱头上；③花粉粒伸出花粉管进入子房；④花粉管进入胚珠，使胚珠受精，形成种子。图 2 – 6 中只画出了一个胚珠的受精，其他也一样。

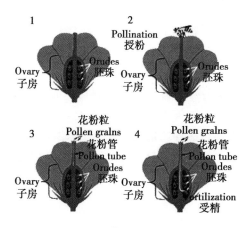

图 2 – 6　花的受精过程

（五）植物的果实

被子植物的雌蕊经过传粉受精，由子房或花的其他部分（如花托、花萼等）参与发育而成的器官。果实一般包括果皮和种子两部分，其中，果皮又可分为外果皮、中果皮和内果皮。种子起传播与繁殖的作用。在自然条件下，也有不经传粉受精而结实的，这种果实没有种子或种子不育，故称无子果实（如无核蜜橘、香蕉）。此外，未经传粉受精的子房，由于某种刺激（如萘乙酸或赤霉素等处理）形成果实，如番茄、葡萄，也是无种子的果实。果实的种类繁多，果皮的结构也各不相同。果实也是种子植物所特有的一个繁殖器官。它是由花经过传粉、受精后，雌蕊的子房或子房以外与其相连的某些部分，迅速生长发育而成。子房壁发育为果皮，并分为外果皮、中果皮、内果皮3层。3层果皮比较分明的如桃子，外果皮薄而柔软，中果皮多汁，即食用部分，内果皮呈凹凸不平的硬木质，即俗语称的核。但在许多植物的果实中，3层果皮通常分辩不清，如番茄、茄子。

在果实生长过程中，花柱和柱头通常枯萎。少数植物果实长大后，花柱和柱头仍不脱落。这一特征可为我们识别植物提供方便，如报春花科、玄参科植物的果实成熟后，花柱和柱头仍留存在果上。花梗发育为果柄，花冠、雄蕊通常枯萎脱落。花萼则有各种情况，有的随花冠一同脱落，有的虽枯萎但并不脱落，如苹果在果实的一端凹陷处，还可看到有五片小萼片，但并不显著；有些则随果实一起长大，始终留存在果实上，如柿子、茄子。

果实的类型多种多样，依据形成一个果实，花的数目多少或一朵花中雌蕊数目的多少，可以分为单果、聚花果和聚合果；依据果皮的质地不同，可分为肉果和干果；依据果皮的开裂与否，可分为裂果和闭果。

（六）植物的种子

成熟的种子由种皮、胚和胚乳组成。胚由胚根、胚芽、胚轴和子叶组成。有的植物种子有胚乳，如玉米、小麦、水稻等。有的植物种子的胚乳退化，其中的营养物质转移到子叶中，如豆类。种子在适宜的温度、湿度下，就会发芽生长。先是胚根生出往下扎，继而胚芽伸出往上长，冒出地面后长出幼叶、幼茎，形成幼苗（图2-7）。

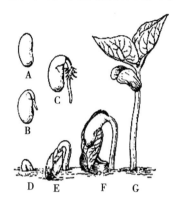

A. 一粒大豆种子

B. 种皮破裂，胚根生出

C. 胚根向下生长，并长出根毛

D. 胚轴拱出地面

E. 胚轴伸直延长，牵引子叶出土

F. 胚芽长大

G. 胚轴继续伸长，两片胚芽张开，幼苗长成

图2-7 大豆种子萌发过程

（引自华东师范大学编《植物学》）

胚乳或子叶里储存着营养物质，是种子的"奶瓶"。种子在发芽生长初期所需要的营养物质都是由胚乳或子叶供给的，直到根长大能从土壤中吸收水分和养分。

二、蔬菜家族

要种好蔬菜，首先要了解蔬菜的分类。蔬菜分类方法有许多种：按照植物学的科、属、种、变种等进行分类，称为植物学分类法；按照食用器官如根菜、果菜、叶菜等进行分类的，称为器官分类法；还有是根据蔬菜的农业生物学特性进行分类的，称为农业生物学分类法。由于农业生物学分类法比较切合生产实际，因此，应用也较为普遍。

（一）植物学分类

（1）十字花科。白菜、芥菜、甘蓝、萝卜等。

（2）葫芦科。黄瓜、甜瓜、冬瓜、南瓜、西葫芦、丝瓜、苦瓜等。

（3）伞形花科。胡萝卜、芹菜、茴香等。

（4）茄科。番茄、茄子、辣椒、马铃薯、枸杞。

（5）菊科。莴苣、牛蒡、茼蒿、紫背天葵。

（6）百合科。韭菜、葱、蒜、黄花菜。

（二）食用器官分类

根据蔬菜的食用器官将蔬菜分为根、茎、叶、花、果5类。

1. 根菜类

以肥大的根部为产品，又可分为：

（1）直根类。产品器官为主根和胚轴发育而成的肥人肉质根，如萝卜、芜菁、胡萝卜、根用甜菜、根用芥菜等。

（2）块根类。侧根或不定根发育成肥大的储藏养分器官为产品，如甘薯、豆薯等。

2. 茎菜类

以肥大的茎部为产品，包括一些食用假茎的蔬菜。可分为：

（1）肥茎类。肥大的地上茎为产品，如莴笋、茭白、茎用芥菜、球茎甘蓝等。

（2）嫩茎类。以萌发的嫩芽为产品，如石刁柏、竹笋等。

（3）块茎类。以肥大的地下茎为产品，如马铃薯、山药，菊芋、草石蚕等。

（4）根茎类。以肥大的地下根茎为着品，如姜、莲藕等。

（5）球茎类。以地下的球茎为产品，如慈姑、荸荠、芋等。

（6）鳞茎类。以叶鞘膨大的鳞茎为产品，如葱头、大蒜等。

3. 叶菜类

以叶片及叶柄为产品的蔬菜。可分为：

（1）普通叶菜类。以绿色叶片为食用器官，如小白菜、乌塌菜、叶用芥菜、菠菜、茼蒿等。

（2）结球叶菜类。以抱合成球的顶生叶片为食有器官，如结球甘蓝、大白菜、结球莴苣、抱子甘蓝等。

（3）香辛叶菜类。供食用的叶片具有特殊的香辛味，如大葱、分葱、韭菜、芹菜、芫荽、茴香等。

4. 花菜类

以花器或肥嫩的花枝为产品。又可分为：

（1）花器类。如金针菜。

（2）花枝类。如花椰菜、菜薹等。

5. 果菜类

以果实或种子为产品。又可分为：

（1）瓠果类。黄瓜、南瓜、冬瓜、丝瓜、苦瓜、菜瓜、瓠瓜和蛇瓜等以及西瓜和甜瓜等鲜食的瓜类。

（2）浆果类。番茄、茄子、辣椒等。

（3）荚果类。菜豆、豇豆、豌豆毛豆、蚕豆、豌豆、扁豆、刀豆等。

（4）杂果类。如甜玉米、菱角等。

（三）农业生物学分类法

按照农业生物学分类法，可将蔬菜分为 11 类。

（1）根菜类。包括萝卜、胡萝卜、大头菜等。其特点是：①以肥大肉质根供食用；②要求疏松肥沃、土层深厚的土壤；③第一年形成肉质根，第二年开花结籽。

（2）白菜类。包括大白菜、青菜、芥菜、甘蓝等。其特点是：①以柔嫩的叶球或叶丛供食用；②要求土壤的供给充足的水分和氮肥；③第一年形成叶球或叶丛，第二年抽薹开花。

（3）茄果类。包括番茄、辣椒和茄子 3 种蔬菜，其特点是：①以熟果或嫩果供食用；②要求土壤肥沃，氮、磷充足；③先育苗、再定植大田。

（4）瓜类。包括黄瓜、冬瓜、南瓜、丝瓜、瓠瓜、苦瓜、菜瓜等。其特点是：①以熟果或嫩果供食用；②要求高温和充足的阳光；③雌雄异花同株。

（5）豆类。包括豇豆、蚕豆、菜豆、豌豆、毛豆、扁豆等，其特点是：①以嫩荚果或嫩豆粒供使用；②根部有根瘤菌，进行生物固氮作用,对土壤肥力要求不高;③除蚕豆、豌豆外,均要求温暖气候。

(6)绿叶菜类。包括菠菜、芹菜、米苋、莴苣、茼蒿、蕹菜等。其特点是:①以嫩茎叶供食用;②生长期较短;③要求充足的水分和氮肥。

(7)薯芋类。包括马铃薯、芋、山药、姜等。其特点是:①以富含淀粉的地下肥大的根茎供食用;②要求疏松肥沃的土壤;③除马铃薯外生长期都很长;④耐储藏,为淡季供应的重要蔬菜。

(8)葱蒜类。包括葱、蒜、洋葱、韭菜等。其特点是:①以富含辛香物质的叶片或鳞茎供食用;②分泌植物杀菌素,是良好的前作;③大多数耐储运,可作为淡季供应的蔬菜。

(9)水生蔬菜类。包括茭白、慈姑、藕、水芹、菱、荸荠等。其特点是要求肥沃土壤和淡水层。

(10)多年生蔬菜。包括竹笋、金针菜、石刁柏(芦笋)等。

(11)食用菌。包括蘑菇、草菇、香菇、木耳等。

三、蔬菜的习性

(一)蔬菜的起源

蔬菜的起源有9个独立的起源中心和3个副中心,共12个中心。这12个中心,也是蔬菜植物的起源中心。

1. 中国中心

包括中国的中部、西南部平原及山岳地带,为世界作物最大、最古老的起源中心,属亚热带季风气候,是许多温带、亚热带作物的起源地,气候温和湿润,土壤肥沃,温度季节差别明显,冬季气温较低,但不十分严寒。平原和丘陵地带,夏季炎热多雨,只有高山和高原地区,夏季比较温和。起源的蔬菜有:白菜、芥菜、大豆、赤豆、长豇豆、竹笋、山药、萝卜、草食蚕、大头菜、鱼、墨鱼、荸荠、莲藕、慈姑、茭白、蕹菜、葱、薤、茄子、葫芦、丝瓜、茼蒿、紫苏、落葵等。

2. 印度—缅甸中心

包括除印度西北部以外的阿沙姆、旁遮普及印度的大部分及缅甸，属海洋性气候，严寒酷暑和干湿的季节性差异较小，为许多重要蔬菜和香辛植物的起源地。起源的主要蔬菜有：茄子、苦瓜、黄瓜、葫芦、丝瓜、绿豆、米豆、藕、矮豇豆、高刀豆、豆薯、苋菜、红落葵、印度莴苣、鱼、山药、魔芋以及鼠尾萝卜等。

3. 印度—马来亚中心

包括印度支那、马来半岛、爪哇及菲律宾，属热带海洋气候，原产的主要蔬菜有：竹类、山药、生姜、冬瓜等。

4. 中央亚细亚中心

包括印度的西北部、克什米尔、阿富汗、乌兹别克、黑海地带的西部，属大陆性气候，年温差和昼夜温差明显，四季分明。为重要的蔬菜和果树的原产地。起源的主要蔬菜有：油菜、芥菜、甜瓜、胡萝卜、萝卜、洋葱、大蒜、菠菜、豌豆、蚕豆、绿豆、芫荽等。

5. 近东中心

包括小亚细亚内陆、外高加索、伊朗等古代波斯国的地方，属大陆性气候，但温度和雨量的分布较均匀。是麦类、蔬菜及重要果树的原产地。起源的蔬菜有：豌豆、蚕豆、甜瓜、菜瓜、油菜、甜菜、胡萝卜、洋葱、韭葱、莴苣等。

6. 地中海中心

包括欧洲南部和非洲北部地中海沿岸地带，属海洋性气候，但夏季较干燥，冬季温和多雨。它与中国并列为世界重要的蔬菜原产地。起源的蔬菜有：豌豆、蚕豆、甜菜、甘蓝、香芹菜、油菜、洋葱、韭葱、莴苣、石刁柏、芹菜、香芹、薄芹、萝卜、苦苣、美国防风、食用打黄、酸模、茴香等。

7. 埃塞俄比亚中心

包括埃塞俄比亚、索马里等，属热带大陆性气候，是比较小的地带，但为多种独特作物的起源地。起源的蔬菜有：西瓜、豌豆、蚕豆、豇豆、扁豆、芫荽、细香葱等。

8. 墨西哥南部—中美洲中心

气候温暖、阳光充足，起源的蔬菜有：玉米、菜豆、矮刀豆、辣椒、甘薯、佛手瓜、南瓜、苋菜等。

9. 南美洲中心

包括秘鲁、厄瓜多尔、玻利维亚等安德斯山脉地带。属热带高山植物区，其后温和，为马铃薯的野生种和烟草的原产地。起源的蔬菜有：菜豆、玉米、秘鲁番茄、普通番茄、笋瓜、辣椒等。

10. 智利中心

为马铃薯及草莓的原产地。

11. 巴西—巴拉圭中心

为凤梨的原产地，也是木薯、花生等的原产地。

12. 北美洲中心

主要为美国的中北部。为向日葵、菊芋的原产地。

(二) 蔬菜的习性

正如每个人有各自的个性，每种蔬菜也有自己的习性。种菜的时候要按照每种蔬菜的习性，给予相应的照料。

1. 喜酸还是喜碱

有的蔬菜喜欢在酸性土壤中生长，而有的蔬菜则喜欢碱性的土壤。大部分的蔬菜则喜欢 pH 值为 6.5 ~ 6.8，也就是说微酸性的土壤。

如果把喜欢酸性土壤的蔬菜种在碱性土壤中，往往导致病虫害的发生，反之亦然。

在栽种喜欢碱性土壤的蔬菜时，要撒一些草木灰或石灰石粉在土壤里。而栽种喜欢酸性土壤的蔬菜时，不可撒草木灰或石灰石粉。

喜欢酸性土壤（pH 值在 6 以下）的蔬菜有：花生、马铃薯、芜菁、甘薯、西瓜、浆果类植物（如草莓等）等。

喜欢碱性土壤（pH 值在 7 以上）的蔬菜和植物有：青花菜、花菜、卷心菜、胡萝卜、芹菜、菠菜、大葱、洋葱、生菜、韭菜、芦笋、甜菜、牛皮菜、甜瓜、木瓜、秋葵等。

而喜欢微酸和中性土壤（pH 值在 6～7）的蔬菜和植物有：油菜、葫芦科蔬菜、番茄、白萝卜、豆类、羽衣甘蓝、茄子、樱桃、葡萄、芥菜等。

2. 喜阴还是喜阳

大多数蔬菜是喜阳的，无论怎样精心的照料都不能弥补阳光不足的缺陷。所以，菜园要开在向阳的地方。主要蔬菜对光照的要求，见表 2－2 所示。

表 2－2　主要蔬菜对光照的要求

对光照要求		蔬菜种类
光照强度	充足	番茄、茄子、甜椒、菜豆、南瓜等
	中等	大蒜、大葱、葱头、韭菜、黄瓜、冬瓜、大白菜、甘蓝、萝卜、胡萝卜等
	较弱	菠菜、芹菜、蚕豆、豌豆、绿叶菜类、生姜、菊芋等
光照长短	长光性	白菜、甘蓝、芥菜、萝卜、胡萝卜、芹菜、菠菜、莴苣、蚕豆、豌豆、大葱、大蒜等
	短光性	豇豆、扁豆、刀豆、茼蒿、苋菜、空心菜等
	中光性	菜豆、黄瓜、番茄、甜椒等

3. 喜湿还是耐旱

蔬菜的湿度包括土壤湿度和空气湿度。主要蔬菜对空气湿度的要求，见表 2－3 所示。

表 2－3　主要蔬菜对空气湿度的要求

类　型	所包括的蔬菜	适宜的空气相对湿度
喜较高空气湿度的	黄瓜等瓜类、绿叶菜类、水生菜类等	85%～95%
喜中等空气湿度的	白菜类、根菜类（除胡萝卜外）、甘蓝类、马铃薯、豌豆、蚕豆等	75%～80%
适较低空气湿度的	茄果类、豆类（除豌豆、蚕豆外）等	55%～65%
适于较干燥空气的	葱蒜类、胡萝卜、中国南瓜、甜瓜、西瓜等	45%～55%

最喜湿的是那些原本是水生植物的蔬菜，如莲藕、茭白、芋头、

空心菜、芹菜等。莲藕要种在水塘里，茭白以及某些芋头、空心菜品种要用水田种。

其次是瓜果类蔬菜，如黄瓜、丝瓜、葫芦、番茄等。由于枝叶多，果实中含大量的水，因此，水分消耗大，开花结果时更是大量需要水，所以，要多浇水。但是和水生植物不一样，它们虽然喜欢湿润的土壤，却不能忍受根被泡在水里。因此，要种在排水性好的土壤中，并注意覆盖。瓜果类中，南瓜、西瓜由于根扎很深（可达2m），可算比较耐旱的，只要在开花结果期间浇一些水就可以。

再其次是叶类菜。叶类菜不耐旱，如果太干，会变得老硬难吃。白萝卜、胡萝卜之类的根类菜不能太湿，也不能太干。

豆类比较耐旱，但在开花结果时需要多浇一些水。花生、大豆、绿豆等矮生豆类都是非常耐旱的。蔓生豆类由于枝叶比较多，不如矮生豆耐旱。

特别耐旱的蔬菜是甘薯、山药、芝麻、芝麻、向日葵等蔬菜。其中以甘薯最为耐旱。只要开始走藤后，就可以不必浇水了。

4. 喜温还是喜凉

（1）适宜温度。蔬菜生长发育及维持生命都要求一定的温度范围，在适宜温度下，作物不仅生命活力旺盛，而且生长发育迅速。温度过低或过高都会影响作物的正常生长，甚至植株生命也不能维持以至于死亡。不同蔬菜作物生育适温及适应温度范围不尽相同。主要蔬菜生长所适应的温度范围，见表2－4所示。

表2－4　主要蔬菜生长所适应的温度范围

类型	所包括的主要蔬菜	生育温度（℃）			适合露地种植的月平均温度（℃）			备注
		适宜	最高	最低	最高	适宜	最低	
耐寒性蔬菜	菠菜、香菜、荠菜、甘蓝、油菜、胡萝卜	15～20	20～25	5～7	24	10～18	5	地上部能忍耐－2～－1℃低温

（续表）

类型	所包括的主要蔬菜	生育温度（℃）			适合露地种植的月平均温度（℃）			备注
		适宜	最高	最低	最高	适宜	最低	
半耐寒蔬菜	大白菜、萝卜、花椰菜、豌豆、蚕豆、马铃薯、芹菜、莴苣类、芥菜类	15~20	20~25	5~10	26	15~20	7	能短期忍耐-2~-1℃低温
耐寒而适应性广蔬菜	韭菜、大葱、大蒜等	18~25	25~30	5	26	12~24	5	地下茎能忍受-30℃低温
喜温性蔬菜	黄瓜、西葫芦、番茄、茄子、甜椒、菜豆、生姜等	20~30	30~35	10	32	18~26	15	温度在10℃以下停止生长
耐热性蔬菜	南瓜、冬瓜、丝瓜、苦瓜、西瓜、甜瓜、豇豆、苋菜、空心菜、水生菜。	25~30	35~40	10~15	35	20~30	18	

（2）温周期。自然状态下，温度总是白天较高，夜间较低。尤其在大陆性气候条件下，昼夜温差更大。蔬菜作物在长期进化过程中已适应了这种环境，大多数蔬菜的正常生长发育都要求一定的昼夜温差，白天需要较高温度利于植株的光合作用；夜间低温可减少呼吸消耗，防止植株徒长。其中，前半夜温度稍高，利于光合产物继续向其他器官运输转移，后半夜温度继续降低，能抑制呼吸作用，这样就能促进光合产物积累从而使生长发育良好。这种蔬菜生长发育对温度昼夜变化的适应性称为蔬菜的"温周期"。

起源地不同的蔬菜要求不同的昼夜温差。如热带原产的蔬菜要求较小的昼夜温差为3~6℃，温带原产的蔬菜为5~7℃，沙漠或高原原产的蔬菜要求10℃以上。蔬菜保护地栽培中，保持适宜的昼夜温差，对提高产量和品质有重要作用。

一般果菜类蔬菜要求昼夜温差大，如黄瓜结果期以昼温25~30℃、前半夜15~17℃、后半夜10~13℃、昼夜温差10~17℃为宜，最理想的昼夜温差为10℃左右。番茄结果期以昼温25～26℃、前半夜14～17℃、后半夜12～14℃为宜。阴天光照弱，光合作用强度小，温度不能过高，尤其是夜温不能太高，弱光高温（高夜温）可导致减产，甚至栽培失败。番茄结果期阴天白天可保持20～25℃，前半夜10～13℃、后半夜8～10℃。另外，蔬菜不同生育期对昼夜温度的要求也不相同，如番茄开花坐果期晴天白天22～25℃、夜间12～15℃；阴天白天18～20℃、夜间12～13℃，昼夜温差比结果期要小。除果菜外，二年生蔬菜如甘蓝、白菜等也需要较大的昼夜温差。

昼夜温差不仅影响营养生长，还影响到开花结实，如番茄苗期保持5～10℃昼夜温差，可提早花芽分化，降低第一花序着生节位，增加每个花序的有效花数。而黄瓜苗期保持昼温25℃、夜温13～15℃，最适宜雌花分化。

（3）高低温障碍。自然条件下，因为气候的改变常会出现适宜温度以外的温度，高温和低温都会影响作物生长发育，造成生产上的损失。

①冷害：冷害是0℃以上低温造成的伤害。喜温性蔬菜在10℃以下温度条件就可能受害。主要表现为生长停止、落花落果、植株花打顶、寒根、沤根、卷叶、叶片褪绿等

②冻害：冻害是由0℃以下低温造成的伤害。冻害是由于蔬菜组织内结冰而造成的伤害，所以，发生快、时间短。对多数耐寒菜来说，结冰是可逆的，轻度缓解后植株仍能正常生长；而对不耐寒蔬菜来说，这种结冰是不可逆的，会使植株枯萎死亡。冻害主要表现为褪绿变白；局部（如生长点、叶缘）或整体干枯；果实腐烂等。

③高温危害：高温危害主要由阳光直接暴晒和植株急剧的蒸腾作用引起，主要表现为局部烧伤、坏死、卷叶、萎蔫、落花、落果、落叶等，如夏季甜椒、西瓜及甜瓜等果实日烧病，育苗时的叶片受伤造成烤苗，番茄7—8月叶片干枯、长势下降等败秧现象。

（三）植物的相生相克

《植物趣闻》中提到，玫瑰和木樨草种在一起，玫瑰会排挤木樨草，使其慢慢死去；而木樨草在临死前又会散发出一种化学物质，使

玫瑰中毒身亡，最后双双同归于尽。

了解植物之间的友情和爱憎，可以使我们知道菜园中那些蔬菜和植物种在一起比较好，哪些不应该种在一起。除此之外，了解植物之间的友情和爱憎，本身也是一件很有趣的事情，常见蔬菜伴生表，见表2－5所示。

表2－5 常见蔬菜伴生

蔬菜名称	好伙伴	坏伙伴
芦笋	番茄、香菜	洋葱、大蒜、土豆
矮生豆类	土豆、黄瓜、玉米、草莓、胡萝卜、芹菜、甜菜、牛皮菜、花菜、甘蓝、芜菁、茄子、欧防风、生菜、向日葵、其他豆类	葱科、大头菜、茴香、罗勒
蔓生豆类	玉米、芜菁、花菜、黄瓜、胡萝卜、牛皮菜、茄子、生菜、其他豆类、土豆、草莓	葱科、甜菜、大头菜、向日葵、甘蓝
豌豆	胡萝卜、芜菁、白萝卜、黄瓜、玉米、芹菜、菊苣、其他豆类、茄子、香菜、菠菜、草莓、青椒	葱科、土豆
菠菜	草莓、蚕豆、芹菜、玉米、茄子、花菜	
甜菜	矮生豆类、利马豆、十字花科、生菜、葱科	芥菜、红化菜豆
十字花科	芜菁、芹菜、甜菜、葱科、菠菜、牛皮菜、矮生豆类、胡萝卜、芹菜、黄瓜、生菜	草莓、蔓生豆类、番茄
白萝卜	豌豆	土豆
胡萝卜	胡萝卜和葱科是好搭档	芹菜、欧防风
	豌豆、生菜、番茄、豆类、甘蓝、生菜、芜菁	莳萝
香菜	芦笋、番茄、辣椒	莳萝
芹菜	葱科、十字花科、番茄、矮生豆类	胡萝卜、欧防风、香菜
生菜	胡萝卜、芜菁、草莓、黄瓜、葱科	
葱科	和胡萝卜是好搭档	豆类、芦笋
	甜菜、生菜、十字花科、芹菜、黄瓜、欧防风、辣椒、青椒、菠菜、瓜类、番茄、草莓	鼠尾草
黄瓜	豆类、玉米、向日葵、芜菁、十字花科、茄子、生菜、葱科、番茄、甜菜、胡萝卜、辣椒	土豆、芳香草药
南瓜之类	玉米、葱科、芜菁、辣椒	土豆
西瓜之类	玉米、芜菁、南瓜之类、辣椒	土豆

（续表）

蔬菜名称	好伙伴	坏伙伴
茄子	豆类、青椒、辣椒、土豆、菠菜、辣根	茴香、烟草
番茄	葱科、芦笋、胡萝卜、香菜、芹菜、黄瓜、生菜、矮生豆类、辣椒、青椒、辣根、矮牵牛	土豆、十字花科、玉米、蔓生豆类、烟草
甜椒、辣椒	葱科是辣椒、甜椒的好搭档。	茴香、大头菜、烟草
	番茄、黄瓜、茄子、秋葵、牛皮菜、南瓜之类、香菜、辣根	不要种在杏树旁边
土豆	豆类、玉米、十字花科、辣根、胡萝卜、洋葱、芹菜	瓜类、番茄、向日葵、大头菜、白萝卜、欧防风、茴香、烟草
草莓	矮生豆类、生菜、葱科、芜菁、菠菜	甘蓝、土豆

四、蔬菜栽培制度

（一）轮作

1. 轮作的原理

在同一块地里，年复一年地种植同一科的蔬菜，病虫害就会越来越严重。因为，同一科的蔬菜往往会受同一种病虫害的攻击。但是危害某一科蔬菜的病虫害却往往不侵扰另一科蔬菜。所以，如果我们在一块地里每年种上不同科的蔬菜，就可以大大减少病虫害的侵扰。这就是轮作的基本原理。

2. 轮作的设计原则

（1）吸收土壤营养不同，根系深浅不同。

（2）实行作物科间轮作，互不传染病虫害。

（3）改良土壤结构：禾本科、豆科，薯芋类，根系发达的瓜类和韭菜。

（4）注意不同蔬菜对土壤酸碱度的需求。

（5）考虑前作物对杂草的抑制作用。

（二）间作、套作和混作

1. 间作、套作和混作

（1）间作。两种或两种以上的蔬菜隔畦或隔株，同时，有规则地栽培在同一块土地上。

（2）混作。将不同蔬菜不规则地混合种植。

（3）套作。前作蔬菜生育后期在它行间或株间种植后作蔬菜，前后作共生的时间较短。

2. 间套作的配置原则

（1）合理搭配蔬菜种类和品种：高矮、深根浅根、快慢、吸光与耐阴。

（2）安排合理的田间群体结构。

（3）采取相应的栽培技术措施。

（4）两种作物在肥水、通风等管理中矛盾不能太大。

五、蔬菜的营养及食性

（一）蔬菜的四性

蔬菜寒、凉、温、热四种属性，介于这四者中间的为平性。中医将食物分成四性，是指人体吃完食物后的身体反应。如吃完之后身体有发热的感觉为温热性，如吃完之后有清凉的感觉则为寒凉性。了解食物的属性，再针对自己的体质食用，对身体大有裨益。

（1）寒凉性。主要蔬菜有芹菜、大白菜、空心菜。其功效清热降火、解暑除燥，能消除或减轻热症。适应体质温热性，如容易口渴、怕热、喜欢冷饮或寒性病症者。

（2）温热性。主要蔬菜有生姜、韭菜、蒜、香菜、葱。其功效可抵御寒冷、温中补虚，消除或减轻寒症。适应体质寒凉，如怕冷、手脚冰凉、喜热饮的人或热性病症者。

（3）平性。主要蔬菜有黄花菜、银耳、胡萝卜。其功效开胃健脾，强壮补虚，容易消化。各种体质都能食用。

（二）蔬菜的五味

蔬菜的五味是指酸、苦、甘、辛、咸，对应人体的五脏：即肝、心、脾、肺、肾，不论是食物本身的味道，还是佐料，都会对五脏起不同作用。五味食物虽各有好处，但食用过多或不当也有负面影响，要依据不同体质来食用。如辛味食得太多，而体质本属燥热的人，便会发生咽喉痛、长暗疮等情形。五味功效对应器官禁忌主要蔬菜：

苦：降火除烦，清热解毒。心胃病者宜少食不消化苦瓜、芥蓝。

甘：健脾生肌，补虚强壮。脾糖尿病患少食或不食玉米、甘红薯。

辛：补气活血、能促进新陈代谢。肺多食大姜、葱、辣椒伤津液火气。

酸：生津养阴，收敛，如胃酸不足、皮肤干燥。肝多食豆类、种子类易伤筋骨。

咸：通便补肾。肾多食海带、紫菜会造成血压升高。

淡：利尿、治水肿无湿性症状者慎用冬瓜、薏仁。

（三）蔬菜的五色

蔬菜的五色，即为青、赤、黄、白、黑5种颜色，而五色分别对五脏有不同的作用。各个脏肺之间互相关联，相生相克，如肝太旺伤脾、脾太旺伤肾、肾太旺伤心、心太旺伤肺、肺太旺伤肝，所以，我们在日常饮食中不能偏食某一色。要均衡摄取，即午餐多吃青、白，晚餐多吃赤、黄、黑，这样可以使王脏都能得到营养。

1. 营养与五色

从营养的角度说五色食物，青色蔬菜中一般富含胡萝卜素，白色蔬菜富含黄酮素，黑色蔬菜中则富含铁。

2. 五色的作用

赤色蔬菜：可提高心脏之气，补血、生血、活血。如辣椒等。

青色蔬菜：可提高肝脏之气，排毒解毒。如菠菜、青椒等。

黄色蔬菜：可提高脾脏之气，增强脏肝功能、促进新陈代谢。如韭黄、胡萝卜等。

白色蔬菜：可提高肺脏之气，清热解毒、润肺化痰。如大白菜、白萝卜、银耳等。

黑色蔬菜：可提高肾脏之气，能润肤、美容、乌发。如木耳、香菇、海带等。

（四）什么体质吃什么菜

1. 寒性体质

（1）寒性特征。畏风、畏冷、手脚经常冰凉，易伤风感冒；喜欢热食物和热饮料；不爱喝茶；脸色嘴唇比较苍白；舌头带淡红色；精神萎靡不振，说话、动作有气无力；女性月经来迟，且天数增多，多血块。

（2）健康忠告。要多食温热性蔬菜、食物，因为，温热性蔬菜食物可以温暖身体、活化身体生理机能。

（3）对应蔬菜。韭菜、姜、蒜、辣椒、葱等。

2. 热性体质

（1）热性特征。经常口干、口臭、嘴破；喜欢喝冷饮或冰镇之类的食物；怕热、汗多、长时间体温偏高；易长痘疹、脸红、眼睛有血丝；常有便秘现象、尿少而黄；容易烦躁不安、易失眠、脾气较坏；女性经期提早，分泌物浓而有异味。

（2）健康忠告。要多食寒凉性蔬菜、食物，因为，寒凉性蔬菜、食物可达到清凉、调节的作用。

（3）对应蔬菜。苦瓜、萝卜、冬瓜、白菜、黄瓜、竹笋等。

3. 实性体质

（1）实性特征。身体强壮，声音洪亮，精神饱满，中气十足；有时口干口臭、便秘、小便色黄；呼吸气粗、容易腹胀；抵抗力强，常觉闷热；性格固执，不喜欢突然的变化。

（2）健康忠告。要多食寒凉性的蔬菜、食物，寒凉性蔬菜食物可清凉、帮助代谢体内毒素。

（3）对应蔬菜。芦笋、芹菜等。

4. 虚性体质

（1）气虚特征。食欲缺乏、脸色苍白、气喘气促、头晕不振。

（2）血虚特征。脸色苍白萎黄、唇色指甲皆发白；经常头昏眼花、失眠健忘；女性月经量少。

（3）对应蔬菜。菠菜、胡萝卜等。

（4）阴虚特征。容易口渴、喜喝冷饮；形体消瘦、失眠健忘；经常盗汗、手足心发热、冒汗；常有便秘，且小便黄而舌质红。

（5）对应蔬菜。白木耳、茄子、黄瓜等。

（6）阳虚特征。喜欢热食，不爱喝水；畏寒、怕冷、易倦、嗜睡；性欲减退，阳痿早泄；尿多易腹泻。

（7）对应蔬菜。辣椒、韭菜等。

（五）蔬菜与饮食禁忌

在疾病发生时，必须避免食用不该食用的蔬菜，否则，会加重你的病情：

（1）肠胃炎时。不能吃辛辣刺激的蔬菜，如生姜、辣椒等。

（2）全身性红斑性狼疮时。不能吃苜蓿等。

（3）痛风时。不能吃竹笋、香菇、黄花菜、玉米等普林含量高的蔬菜。

（4）糖尿病时。不能吃玉米、红薯、莲藕、豆类等。

（5）消化性溃疡时。不能吃芹菜、竹笋、空心菜、洋葱等。

（6）肾功能不良、尿毒症时。不能吃苋菜、油菜、南瓜等，因为，它们钾的含量较高，会给治疗带来负面的影响。

（六）蔬菜的营养成分及热量

1. 品名性味

味甘、性寒：大白菜、小白菜、荸荠、茄子、空心菜、竹笋、芹菜、南瓜。

味苦、性寒：苦瓜、莴笋、生菜。

味辛、性温：蒜、生姜、芥菜、葱。

味甘辛、性温：韭菜、香菜。

甘辛、性温：洋葱。

味辛、性热：辣椒。

2. 蔬菜的营养成分

常见蔬菜的营养成分见，表2-6所示。

表 2-6 常见蔬菜的营养成分

食物名称	可食部	能量	蛋白质	脂肪	胆固醇	膳食纤维	碳水化合物	维生素A	维生素B_1	维生素B_2	维生素B_3	维生素C	维生素E	钠	钙	铁	硒
	%	kcal	g	g	g	g	g	ug	ug	mg	mg	mg	mg	mg	mg	mg	mg
胡萝卜	96	37	1.0	0.2	0	1.1	7.7	688	0.04	0.03	0.6	13	0.41	71.4	32	1.0	0.63
萝卜	94	20	0.8	0.1	0	0.6	4.0	3	0.03	0.06	0.6	18	1.00	60.0	56	0.3	0.60
竹笋	63	19	2.6	0.2	0	1.8	1.8	5	0.08	0.08	0.6	5	0.05	0.4	9	0.5	0.04
大白菜	92	21	1.7	0.2	0	0.6	3.1	42	0.06	0.07	0.8	47	0.92	89.3	69	0.5	0.33
菠菜	89	24	2.6	0.3	0	1.7	2.8	487	0.04	0.11	0.6	32	1.74	85.2	66	2.9	0.97
菜花	82	24	2.1	0.2	0	1.2	3.4	5	0.03	0.08	0.6	61	0.43	31.6	23	1.1	0.73
韭菜	90	26	2.4	0.4	0	1.4	3.2	235	0.02	0.09	0.8	24	0.96	8.1	42	1.6	1.38
芹菜	66	14	0.8	0.1	0	1.4	2.5	10	0.01	0.08	0.4	12	2.21	73.8	48	0.8	0.50
生菜	94	13	1.3	0.3	0	0.7	1.3	298	0.03	0.06	0.4	13	1.02	32.8	34	0.9	1.05
蒜苗	82	37	2.1	0.4	0	1.8	6.2	47	0.11	0.08	0.5	35	0.81	5.1	29	1.4	1.24
小白菜	81	15	1.5	0.3	0	1.1	1.6	280	0.02	0.09	0.7	28	0.70	73.5	90	1.9	1.17
油菜	87	23	1.8	0.5	0	1.1	2.7	103	0.04	0.11	0.7	36	0.88	55.8	108	1.2	0.79
圆白菜	86	22	1.5	0.2	0	1.0	3.6	12	0.03	0.03	0.4	40	0.50	27.2	49	0.6	0.96

（续表）

食物名称	可食部	能量	蛋白质	脂肪	胆固醇	膳食纤维	碳水化合物	维生素A	维生素B_1	维生素B_2	维生素B_3	维生素C	维生素E	钠	钙	铁	硒
	%	kcal	g	g	g	g	g	ug	ug	mg	mg	mg	mg	mg	mg	mg	mg
冬瓜	80	11	0.4	0.2	0	0.7	1.9	13	0.01	0.01	0.3	18	0.08	1.8	19	0.2	0.22
番茄	97	19	0.9	0.2	0	0.5	3.5	92	0.03	0.03	0.6	19	0.57	5.0	10	0.4	0.15
青椒	84	23	1.4	0.3	0	2.1	3.7	57	0.03	0.04	0.5	62	0.88	2.2	15	0.7	0.62
茄子	93	21	1.1	0.2	0	1.3	3.6	8	0.02	0.04	0.6	5	1 013.00	5.4	24	0.5	0.48
黄瓜	92	15	0.8	0.2	0	0.5	2.4	15	0.02	0.03	0.2	9	0.46	4.9	24	0.5	0.38
苦瓜	81	19	1.0	0.1	0	1.4	3.5	17	0.03	0.03	0.4	56	0.85	2.5	14	0.7	0.36
南瓜	85	22	0.7	0.1	0	0.8	4.6	148	0.03	0.04	0.4	8	0.36	0.8	16	0.4	0.46
丝瓜	83	20	1.0	0.2	0	0.6	3.6	15	0.02	0.04	0.4	5	0.22	2.6	14	0.4	0.86
土豆	94	76	2.0	0.2	0	0.7	16.5	5	0.08	0.04	1.1	27	0.34	2.7	8	0.8	0.78
榨菜	100	29	2.2	0.3	0	2.1	4.4	83	0.03	0.06	0.5	2	0	4 253.0	155	3.9	1.93
蘑菇	100	252	21.0	4.6	0	21.0	31.7	273	0.1	1.10	30.7	5	6.18	23.3	127	10.0	39.18
木耳	100	205	12.0	1.5	0	29.9	35.7	17	0.17	0.44	2.5	0	11.34	48.5	247	97.0	3.72
香菇	95	211	20.0	1.2	0	31.6	30.1	3	0.19	1.26	20.5	5	0.66	11.2	83	11.0	6.42

第二节　懂泥性

土好，根好，作物就好。"任何技术都不如健康的土壤"，这是农业的根本。土壤与作物是一个完整的系统，土壤是本，作物是表，没有土壤，便没有了食物，没有好的土壤就没有好的作物。土壤平衡是以健康的土壤为核心，以土壤三元（微生物、有机质、矿物质）平衡为基础，从而实现"净土""洁食"的健康农业发展之路。健康的土壤是实现"健康的土壤→微生物平衡→植物健康→动物健康→人类健康"的最高生态学理念。这个循环中的任何一个环节出了问题，都会造成整个系统的紊乱，生出许多令人头痛的问题。

一、认识土壤

（一）土壤的基本成分

土壤的基本成分是沙子、黏土和腐殖质。

腐殖质是什么呢？如果你到树林中或山上散步，找一处树木繁茂、泥土肥厚的地方，拨开表面的落叶，就会看到底下一层黑色纤维状的土，用手抓一把，感觉很松软，这就是腐殖质了。腐殖质，就是动植物残体腐化分解后形成的物质。

土壤可以分为沙质土、黏质土、壤土3类。

沙质土的性质：含沙量多，颗粒粗糙，渗水速度快，保水性能差，通气性能好；

黏质土的性质：含沙量少，颗粒细腻，渗水速度慢，保水性能好，通气性能差；

壤土的性质：含沙量一般，颗粒一般，渗水速度一般，保水性能一般，通气性能一般。

理想的土壤要有好的排水性、保水性和透气性，并富含植物所需的养分，植物才能长得好。

（二）健康的土壤

"万物土中生"绿色植物的生长离不开土壤。土壤不仅为它们提供了基底支撑条件，而且还源源不断地为其生长发育提供物质养分和环境条件。因此，土壤生态健康状况是实现食物双重安全——"数量安全"和"质量安全"的必要保障和物质基础，也是保证生物健康，特别是人类健康的重要途径。

健康的土壤是指土壤处于一种良好团粒结构和功能状态，能够提供持续而稳定的生物生产力、维护生态平衡、保持环境质量、能够促进植物、动物和人类的健康、不会出现退化，且不对环境造成危害的一个动态过程。健康的土壤包括以下5个层面的内容。

土壤物理健康：一个健康的土壤首先必须具备一定厚度和结构的土体，剖面发育、土层厚度、结构、机械组成、密度、容重、空隙度、紧实度、团聚体、新生体。

土壤营养健康：一个健康的土壤必须具备一定的养分储存，有机质、N、P、K、S、金属离子、阴离子、微量元素。

土壤生物健康：微生物多样性、动物多样性、生物活性、优势生物、土壤酶及其活性、土壤生物生物量、食物链状况、病菌状况、地下害虫。

土壤环境健康：一个健康的土壤必须具备一个健康的发育环境，不存在严重的环境胁迫：水分状况、温度状况、酸度状况、盐度状况、碱度状况、水土流失状况、人类开采状况、地质灾害状况、污染状况。

土壤生态系统健康：一个健康的土壤不仅需要各个组成部分的健康，而且需要生态系统整体上的健康，即要求各部分组成比例恰当、结构合理、相互协调，最终才能完成正常的功能。土壤肥力状况、作物生产力状况、土壤发育与演替阶段、土壤环境变化状况、土壤环境容量状况。

健康的土壤可以发挥以下功能：①从源头上保障种植的植物、作物、加工原材料是健康安全；②具有改善水源、大气、环境质量的能力；③具有降解和转化污染、有毒废弃物为无毒形态的能力；④直接或间接地促进动物、植物、微生物以及人体的健康。健康的土壤是植物健康和食品安全的关键，是环境变化的缓冲器，是环境污染的修复器。

（三）土壤中的生命

土壤不是死的，而是有生命的。土壤中有大量的微生物、真菌、抗生素、蚯蚓等微小生物，它们就是土壤的生命。

土壤中的微生物与真菌将动植物的残体腐化分解，变成植物可以吸收的养分。如果没有它们，植物就会饿死，人和动物也会灭亡，而地球就会成为一个巨大的垃圾堆了。

土壤中有些微生物和真菌与植物的根有着共生的关系。它们能够帮助根更好的吸收养分，或者为根制造某种养分，或是帮助植物生长得更健康。菌根真菌和根瘤菌就是这一类型的微生物。

土壤中还生存着许多的致病病菌，同时，也生存着许多像青霉素、链霉素和短杆菌肽之类的抗生素。这些抗生素就像土壤卫士一样，与病菌作战，保护着植物的健康，从而也保护人与动物的健康。

土壤中还有许多的蚯蚓。它们在土壤中钻洞穿行，吞食泥土，使得土壤透气、透水。它们还能分解有机质、杀死病菌和野草籽。蚯蚓排泄物还是上好的有机肥呢。因此，国外的有机园艺师们大量繁殖蚯蚓，来改良土壤，防治病虫害，收到极好的效果。他们也常用蚯蚓来帮助制造堆肥。

化肥和农药会杀害这些土壤中的微小生命，没有了它们，土壤就会失去活力和抗病能力，变得贫瘠，病虫害也络绎不绝了。人长期吃化肥、农药栽培的植物，也容易生病。

（四）土壤的酸碱性

由于雨水和腐烂的有机质都呈酸性，所以，在自然状态下，土壤是呈微酸性的。

大部分植物在微酸性或中性的土壤中生长得最好，但有些植物却要在偏碱性的土壤中才能长得好，另一些植物则喜欢酸性较大的土壤。因此，必须了解各种植物的不同需要，也要知道你自己园中土壤的酸碱性。

用石蕊试纸可以粗略的测出土壤的酸碱性。取些土壤放在杯子里，加水（水必须预先测试过是中性的），振荡摇匀，待沉淀后，将石蕊试纸放入。如果蓝色试纸变红，说明土壤是酸性的，如果红色试纸变蓝，说明土壤是碱性的，如果试纸颜色没有什么变化，说明土壤是中性的。

如果要测出土壤确切的酸碱度可以用 pH 值试纸。石蕊试纸和 pH 值试纸都可在化学用品商店中买到。

pH 值是酸碱度的度量，7 为中性，低于 7 为酸性，数值越小说明酸性越大；高于 7 为碱性，数值越大说明碱性越大。

如果土壤太酸，可撒石灰石粉（主要成分是碳酸钙）来矫正。要使 pH 值上升 0.5～1，每平方米需撒石灰石粉约 250g。如果撒苦土石灰，用量也相仿。

如果土壤过碱，可撒天然硫黄矿石粉来调整。要使 pH 值降低 0.5～1，每平方米须撒硫黄矿石粉约 25g。

一般有机质，如粪便、绵籽、锯木屑、落叶等，腐烂后都会产生酸，另外，雨水也会使土壤变酸（因为将土壤中的钙冲走），所以，最好 3 年要测试一次土壤，决定是否需要撒石灰石粉来调整土壤酸碱度。

草木灰也是碱性的。石灰石粉见效比较慢，但肥效比较长，而草木灰见效比较快，肥效却比较短。

二、土壤污染

当土壤中含有害物质过多，超过土壤的自净能力，就会引起土壤的组成、结构和功能发生变化，微生物活动受到抑制，有害物质或其分解产物在土壤中逐渐积累，通过"土壤→植物→人体"，或通过"土壤→水→人体"间接被人体吸收，达到危害人体健康的程度，就是土壤污染。

（一）土壤污染的类型

土壤污染物的种类繁多，按污染物的性质一般可分为4类，即有机污染物、重金属、放射性元素和病原微生物。

1. 病原微生物污染

土壤中的病原微生物，主要包括病原菌和病毒等。它们主要来自做肥料的人畜粪便和垃圾。或直接用生活污水灌溉农田，都会使土壤受到病原体的污染。这些病原体能在土壤中生存较长时间，如痢疾杆菌能在土壤中生存22～142天，结核杆菌能生存一年左右，蛔虫卵能生存315～420天，沙门氏菌能生存35～70天。

2. 有机污染

土壤的有机污染作为影响土壤环境的主要污染物已成为国际上关注的热点，有毒、有害的有机化合物在环境中不断积累，到一定时间或在一定条件下有可能给整个生态系统带来灾难性的后果，即所谓的"化学定时炸弹"。目前，我国土壤的有机污染十分严重，且对农产品和人体健康的影响已开始显现。如我国从1959年起在长江中下游地区用五氯酚钠防治血吸虫病，其中的杂质二噁英已造成区域性二噁英类污染。洞庭湖、潘阳湖底泥中的二噁英含量很高。有机氯农药已禁用了近20年，土壤中的残留量已大大降低，但检出率仍很高。

3. 重金属污染

重金属污染是有毒化学物质，如镉、铅等重金属以及有机氯农药等。它们主要来自工业生产过程中排放的废水、废气、废渣以及农业上大量施用的农药和化肥。

4. 放射性物质污染

它们主要来自核爆炸的大气散落物，工业、科研和医疗机构产生的液体或固体放射性废弃物，它们释放出来的放射性物质进入土壤，能在土壤中积累，形成潜在的威胁。由核裂变产生的两个重要的长半衰期放射性元素是锶（半衰期为28年）和铯（半衰期为30年）。空气中的放射性锶可被雨水带入土壤中。因此，土壤中含锶的浓度常与当地降雨量成正比。

（二）污染物在土壤中的迁移和转化过程

1. 化学农药在土壤中的迁移和降解过程

化学农药在残留期内杀死害虫的同时，也会杀死有益生物造成生态失调。它在土壤中的迁移主要是通过挥发、扩散、吸收、降解来使化学农药移出土体外使土壤净化。降解过程分3种：一是光化学降解，即土壤受太阳辐射作用使农药降解。如除草剂；狄氏剂→乙一脱氯狄氏剂。二是化学降解、水解氧化等。三是通过土壤微生物吸收、消化使农药得到降解。

2. 重金属元素在土壤中的迁移和转化

重金属在土壤中的主要存在形式是共价键离子吸附、可溶性、难溶性3种状态。迁移和转化过程主要有以下几种形式：一是物理化学迁移和转化，这主要是基于不同金属的吸附力的不同。例如，对于黏土矿物几种不同金属的吸附力顺序是 $Gu > Pb > Ni > Co > Zn > Ba > Hg$；蒙脱石：$Pb^{2+} > Cd^{2+} > Ba^{2+} > Mg^{2+} > Hg^{2+}$；高岭石：$Hg^{2+} > Ca^{2+} > Pb^{2+}$；有机胶体：$Pb^{2+} > Cu^{2+} > Cd^{2+} > Zn^{2+} > Ca^{2+} > Mg^{2+}$，以上规律会因土壤理化条件的变化而有所改变，一般是有机的吸附力大于无机的，高浓度吸附力大于低浓度的。由于吸附力的不同导致金属离子的迁移和转化。二是金属的化学沉淀和机械迁移。一些重金属进入土壤后，由于土壤 pH 值、氧化还原电位的变化而形成沉淀物，难溶于土壤溶液时，随地表径流排出土壤。三是生物迁移。重金属进入土壤后被生物吸收入体内利用或随生物的移动而迁出土壤。

3. 化肥在土壤中的迁移和转化

在施用的化肥中对土壤环境影响较大的主要是氮肥和磷肥。如果氮肥施用过量将导致土壤碳氮比变小，有机质分解加快、容重增大，理化性质变坏破坏土壤结构，导致土壤板结，农作物则贪青徒长，抗病力下降。分解挥发后进入大气形成氮的氧化物，可破坏臭氧层。磷肥施用过量的主要危害是磷肥流失进入水体导致水体富营养化，磷肥中重金属杂质含量较多进入土壤后，造成土壤重金属污染。化肥在土壤中的存在形式以可溶性状态占主要比重，另外，则是吸附和不容态。可溶性化肥成分，如 NH^{4+}、NO^{3-} 等会因土壤 pH 值、氧化还原电位的变化而迁移和转化，一部分成分被农作物和微生物吸收利用，一部分淋溶后流失进入水环境，还有一部分则挥发分解进入大气环境。

（三）土壤污染的危害

1. 土壤污染导致严重的直接经济损失

对于各种土壤污染造成的经济损失，目前，尚缺乏系统的调查资料。仅以土壤重金属污染为例，全国每年就因重金属污染而减产粮食1 000万 t，另外被重金属污染的粮食每年也多达 1 200万 t，合计经济损失至少 200 亿元。对于农药和有机物污染、放射性污染、病原菌污染等其他类型的土壤污染所导致的经济损失，目前，尚难以估计。

2. 土壤污染导致食物品质不断下降

我国大多数城市近郊土壤都受到了不同程度的污染，有许多地方粮食、蔬菜、水果等食物中镉、铬、砷、铅等重金属含量超标或接近临界值。

3. 土壤污染危害人体健康

土壤污染会使污染物在植（作）物体中积累，并通过食物链富集到人体和动物体中，危害人畜健康，引发癌症和其他疾病等。

4. 土壤污染导致其他环境问题

土地受到污染后，含重金属浓度较高的污染表土容易在风力和水力的作用下分别进入到大气和水体中，导致大气污染、地表水污染、地下水污染和生态系统退化等其他生态问题。

三、土壤改良

（一）解决板结

1. 土壤板结的成因

由于大量施用化肥，忽视有机肥的施用，土壤肥力出现某些衰退，有机质匮乏，透气性降低，需氧性的微生物活性下降，土壤熟化慢、造成土壤板结、蔬菜根系发育不良，影响蔬菜生长。

2. 土壤板结的危害

土壤团粒结构被破坏，保蓄肥水能力降低，透气性变差，地温为代，不利于根系生长。

3. 防止土壤板结的措施

多施有机肥，使土壤有机质含量达到3%以上，并采取相应措施减轻土壤盐化程度。

（二）解决盐化

1. 土壤盐化的成因

因棚内连年施入大量化肥，土壤中残留了大量的硫酸根和盐酸根离子，这些离子不能被植物吸收利用，又没有雨水的淋溶，所以，这些离子长期游离于土壤之中，而且逐年增多，造成土壤盐化。

2. 土壤盐化的危害

（1）导致土壤板结，不利于根系生长。

（2）因盐分浓度大，致使作物吸水困难，即使土壤湿润也会发生生理干旱。

（3）影响作物对钙的吸收，从而产生生理障碍。

3. 蔬菜受盐害的表现

叶片小，表面有蜡质及闪光感，严重时叶缘卷曲或叶片下垂，叶色褐变，自下而上脱落。根量旺，头齐钝，根系褐变。植株矮小，生长缓慢，甚至枯死，不同菜类受盐害的症状有所不同。

4. 蔬菜耐盐程度

菜豆类最不耐盐，其他豆类、茄果类、白菜类、萝卜、大葱、莴苣、胡萝卜等较不耐盐，洋葱、韭菜、大蒜、芹菜、小白菜、茴香、马铃薯、芥菜、蚕豆等较耐盐，石刁柏、菠菜、甘蓝及大多数瓜类耐盐性强。

5. 防止土壤盐化的措施

（1）多施有机肥。

（2）休闲季节，土壤深翻后大水灌溉洗盐。

（3）生长季节，每次浇水要透。

（4）覆盖地膜，减少水分蒸发，降低盐分上升速度。

（5）积盐太多的土壤只能换土。

（三）解决酸化

1. 土壤酸化的成因

因连年大量施入含硫酸和盐酸根等酸性肥料，或施入大量氮肥，致使硝酸根积累过多，从而导致土壤酸化。

2. 土壤酸化的危害

（1）有些难溶液金属元素在酸性条件下变为游离态，如铝、锰、铅等元素，这些元素与磷、钾、钙、镁、钼等元素相拮抗，从而影响根系对这些元素的吸收，发生缺素症。

（2）重金属元素直接破坏根系功能，导致根系死亡。

（3）易发生二氧化氮等有害气体，致使作物中毒。

3. 蔬菜适宜的酸碱度（pH）值

大多数蔬菜适宜的 pH 值范围通常在 6.0 ~ 6.8，即在微酸性的土壤中生长发育良好。但不同蔬菜对 pH 值的要求也不同。其中，生姜 5 ~ 7；西瓜、落葵和玉米 5 ~ 8；甘蓝、萝卜、胡萝卜、草莓和土豆 5.5 ~ 6.5；菠菜、茼蒿、南瓜和芋头 5.5 ~ 7；黄瓜和冬瓜 5.5 ~ 7.5；白菜、菜花、和芦笋 6 ~ 7；芹菜和蚕豆 6 ~ 8；茄子、大豆和牛蒡 6.5 ~ 7.5；葱 7 ~ 7.5。

4. 防止土壤酸化的措施

施用石灰调节 pH 值，同时，又增施了钙肥。

（四）解决养分失衡

1. 土壤微量元素减少的因素

多年连作的蔬菜，吸收土壤中的锌、硼、钼、铜、锰等微量元素，又没有补充施用微肥，致使土壤中微量元素日渐减少，因此，严重缺少微量元素，影响蔬菜的生长发育。

2. 土壤养分失衡的成因

因长期单一施用某种或某几种肥料，破坏了各营养元素之间的浓度平衡，致使有的元素过剩，而有的元素不利于被吸收。生产上发生最多的是磷过剩，而有的元素不利于被吸收。生产上发生最多的是磷过剩，几乎所有的老棚都存在磷过剩，这是因为连年施用过多的磷酸二铵和复合肥造成的。

3. 土壤养分失衡的危害

（1）发生元素中毒性生理病害。

（2）花板生缺素症生理病害。

4. 防止养成分失衡的措施

（1）要配方施肥。

（2）要多施有要肥，以利、吸附过剩的营养成元素，并向作物各种微量元素。

（3）使用具有吸附功能的矿物肥料，如硅镁肥等。

（五）解决毒素聚集

（1）土壤毒素聚集的成因。因长期连作重茬，某种作物新陈代谢产生的毒素在土壤中积累。

（2）土壤毒素取集的危害。

（3）连作重茬蔬菜生长发育不良，出现生理病害，甚至大面积死棵。

（4）防止养成分失衡的措施。

①轮作倒茬。

②选择适应性强的品种采用嫁接苗。

③使用生物菌肥以降解毒素。

（六）解决病虫害聚集

（1）土壤病虫害聚集的成因。一季接一季的连作，使病菌虫害在土壤中积累增多，病虫害为害加重，根系因而受害腐烂，甚至全株枯死。由于病虫害严重、农药使用量增加，造成蔬菜污染。

（2）土壤病虫害聚集的危害。

（3）加大了病虫防治的难度，以致出现病虫害日益严重的严性循环，尤其土传病虫害，更不易防治。

（4）防止土壤病虫害聚集的措施。第一，选取适应性强的品种或采用嫁接苗。第二，使用生物菌肥，抑制有害病菌的繁殖。第三，高温闷棚。于夏季高温季节，亩施铡碎的麦秸 1 500kg 左右，石灰氮 100kg 左右（或右灰 100kg 左右，具体用量视土壤酸碱度而定），碳铵 100kg 左右，撒于地面，深翻 30cm。旧棚膜不撤并封严，大水漫灌，36～48 小时之内保持地表存水。这后以地膜封严地面。如此闷棚 20 天左右，使棚内气温达到 70℃ 左右，10cm 的土层内温度达到 60℃ 左右。此法能有效杀灭线虫及 10cm 土层内的各种土传病菌，还能增加土壤有机质含量，防止土壤板结，减轻土壤盐化和酸化。如果在闷棚期间多次耕翻土地并起垅，可有效杀灭 25cm 左右土层内的土传病害。

四、土壤消毒

土壤消毒一般在作物播种前进行。除施用化学农药外，利用干热或蒸气也可进行土壤消毒。不同消毒产品的消毒特性比较见表 2 - 7 所示。

表 2 - 7　不同消毒产品的消毒特性比较

比较项目	紫外线	臭氧及臭氧水	蒸汽热水及电力	液氯消毒	化学熏蒸剂	高活性氯氧
使用量	—	小	很大	小	大	很小
杀菌速度	特快	快	中等	较快	很长	快
消毒持续性	特短	短	较短	较长	很长	长
pH 影响	无	较大	无	很大	小	小
芽孢杀灭效果	无效	有效	有效	部分有效	有效	有效
对细菌杀灭效果	很有效	有效	有效	有效	很有效	很有效
对病害杀灭效果	有效	有效	有效	部分有效	部分有效	有效
消毒工期	很短	很短	较短	短	很长	较短

（续表）

比较 项目	紫外线	臭氧及 臭氧水	蒸汽热水 及电力	液氯 消毒	化学熏 蒸剂	高活性 氯氧
作业时对人 体危害	很小	小	无	较大	很大	小
药剂毒性	—	很小	无	较大	很大	很小
土壤残留	无	无	无	较大	很大	很小
所需设备 机械	小型	中小型	复杂大型	中小型	复杂大中型	简单 小型
能耗	很低	中高	很高	低	中等	很低
操作方便性	极方便	方便	不方便	较方便	极不方便	极方便
综合成本	低	较高	很高	较低	较高	较低

第三节　明肥性

植物生长发育需要养料，正如人需要食物一样。植物所需的养料一部分来自空气；另一部分则来自土壤。土壤中的养料需要不断加以补充，才能源源不断的供给植物生长所需。因此，我们必须给植物施肥，充足而优良的肥料能使植物长得健壮。

一、认识肥料

（一）植物必需元素

1. 植物必需元素的概念及判定标准

（1）概念。指植物生长发育必不可少的元素。

（2）判定标准。①缺乏该元素，植物生长发育受阻，不能完成其生活史；②除去该元素，表现为专一的病症，这种缺素病症可用加入该元素的方法预防或恢复正常；③该元素在植物营养生理上能表现直接的效果，而不是由于土壤的物理、化学、微生物条件的改善而产生的间接效果。

（3）缺乏或过量的后果。植物对这类元素的需要量很少，但缺乏时植物不能正常生长；若稍有过量，反而对植物有害，甚至致其死亡。

2. 植物必需 17 种元素

（1）大量、中量、微量元素。截至目前，科学研究发现有 17 种必须元素，根据植物的吸收量把这 17 种必需元素分为：大量元素 7 种：碳 C，氢 H，氧 O，氮 N，磷 P，钾 K，硅 Si；中量元素 3 种：钙 Ca，镁 Mg，硫 S；微量元素 7 种：铁 Fe，锰 Mn，锌 Zn，硼 B，钼 Mo，铜 Cu，氯 Cl。

（2）认识硅元素。植物必需元素常规为 16 种元素，这儿是 17 种元素，多出来的一种为硅元素。硅肥是继氮磷钾之后被世界各国专家一致公认的"第四大元素肥料"。其作用如下。

①植物体内的重要组成部分：硅是植物重要的营养元素，大部分植物体内含有硅。检测表明，生产 1 000kg 稻谷，水稻地上部分二氧化硅的吸收量达 150kg，超过水稻吸收氮磷钾的总和。从水稻、小麦、大麦、大豆、扁豆、茴香 6 种作物灰分中，营养元素硅、磷、钾、钙、镁、铁、锰的氧化物占灰分的 80% 左右，其中，硅氧化物占 14.2% ~61.4%。

②施硅肥有利于提高作物的光合作用：作物在施用硅肥后，可使作物表皮细胞硅质化，使作物的茎叶挺直，减少遮阴，使叶片光合作用。如水稻施硅后，叶片角度缩水 25.4 度，冠层光合作用提高 10% 以上。

③硅肥可增强作物对病虫害的抵抗力，减少病虫为害：作物吸收硅后，在体内形成硅化细胞，使茎叶表层细胞壁加厚，角质层增加，从而提高防虫抗病能力，特别是对稻瘟病、叶斑病、茎腐病、小粘菌核病、白叶枯病及螟虫、小麦白粉病、锈病、麦蝇、棉铃虫等。

④硅肥可提高作物抗倒伏：由于作物的茎秆直，使抗倒伏能力提高 80% 左右。

⑤硅肥可使作物体内通气性增强：作物体内含硅量增加，使作物导管刚性加强，促使通气性，这对水稻、芦苇等水生和湿生作物有重要意义。不但可促进作物根系生长，还可预防根系的腐烂和早衰，特

别对防治水稻的烂根病有重要作用。

⑥提高作物抗逆性：施硅肥后，产生的硅化细胞有效地调节叶片气孔的开闭，挖掘水分蒸腾作用，提高作物的抗旱、抗干热风和抗低温能力。

⑦硅肥有复合营养作用：含有一定量的磷、锌、镁、硼、铁等微量元素，对作物有复合营养作用。

⑧硅能减少磷在土壤中的固定：活化土壤中的磷，并促进磷在作物体内的运转，从而提高结实率。

⑨硅肥是保健肥料：能改良土壤，矫正土壤的酸度，提高土壤盐基，促进有机肥分解，抑制土壤病菌。

⑩硅是品质元素：有改善农产品品质的作用，并有利于储存和运输。

硅是品质元素，硅是保健元素、硅是调节性元素。缺硅时蒸腾作用加快，生长受阻，易倒伏。吸收形态：以 H_4SiO_4 形态吸收。运输形态：H_4SiO_4。硅肥是改变目前农作物"优质不高产，高产不优质"和发展科学绿色平衡施肥的首选肥料。

3. 养分的六大定律

无论大量元素还是中量元素、微量元素，它们都同等重要。缺一不可，共同遵循着养分的六大定律。

（1）养分归还定律。作物从土壤中吸收了多少营养元素，就必须再还给土壤这些营养元素，否则土壤肥力会逐渐衰弱，最终成为不毛之地。归还方式就是施肥。"庄稼一枝花，全靠肥当家"，肥料是当之无愧的一家之主。施肥技术是种植业的基础技术。

（2）不可取代定律。即无论大量元素，还是中量元素、微量元素，它们的作用都同等重要，任何一种元素都不能代替另一种元素，植物缺少它们中的任何一种元素，都不能正常生长，发育和结实，即不可取代性。

（3）最小养分定律。作物的生长发育以至产量受小养分的支配。某种元素缺乏，而其他养分再多也难以提高产量。一种最小养分得以满足后；另一种养成分就可能成为新的最小养分。

最小养分不是指土壤中绝对有效量最少的养分，而是指作物按比例吸收的17种营养元素中达不到按比例吸供给的那一种。哪种元素达不到按比例供给而成为最小养分，那么哪种元素就可能出现缺素症。

（4）养分颉颃学说。作物按比例吸收17种营养元素，如果某种营养元素不按比例施入而是过量，那么该元素的过量存在就会抑制了作物对其他某种元素的吸收，例如，磷过量会导致缺锌、缺锰。近年来，我国北方蔬菜主产区普遍磷过量问题，应引起高度重视。

某种营养元素少了固然不好，而某种营养元素过量会导致更严重的危害，轻则造成施肥浪费，重则破坏土壤环境，影响作物生产发育，继而影响产量和品质。

（5）报酬递减律。产量随施肥的增加而增加，当达到最佳施肥量后，再增加施肥量而产量的增加幅度却越来越少。对此要考虑投入产出的比值，合理确定施肥量。

（6）综合因子律。土壤、光照、温度、湿度、空气、品种、耕作以及作物本身的生长发育特点都会影响产量，而施肥只是其中一项，只有各项因子密切配合，互相促进，构成完整的平衡栽培体系，才能发挥施肥的最大效益。

（二）平衡施肥

根据植物需肥的"四大定律"，决定了我们的施肥原则——"平衡施肥理论"，只要能做到平衡施肥，就可减少浪费，以最小的投入，换取最大的经济报酬。同等投入即可增产，这是我们平衡施肥的理论依据。

1. 施肥原则要坚持4个有利条件

一是有利于土壤团粒结构的形成；

二是有利于土壤中各种理化性状的改善；

三是有利于土壤中养分的平衡；

四是有利于有益微生物种群的增加。

2. 施用五要素

（1）禁施生粪。遏制土传病害滋生蔓延。

（2）适施粪肥。进行腐熟发酵或解毒处理。

（3）多施生物有机肥。（生态肥）改良土壤。

（4）少施化肥。合理搭配，降低土壤盐害。

（5）增施矿物肥。补充中、微量元素，平衡地力。

3. 平衡配肥

土壤是作物的"养分库"，但是这个"库"中的养分无论是数量上或是形态上都很难完全满足作物对营养的需要。所以，农业生产上需要通过合理施肥来解决作物需肥多与土壤供肥不足的矛盾。现在农业生产中，常用的肥料品种很多，根据肥料的来源、性质的不同，一般可划分为化学肥料、有机肥料、矿物肥料和微生物肥料四大类。

化学肥料也称无机肥料，用化学方法制成的含有一种或几种农作物生长需要的营养元素的肥料。化学肥料的简称。只含有一种可标明含量的营养元素的化肥称为单元肥料，如氮肥、磷肥、钾肥以及次要常量元素肥料和微量元素肥料。含有氮、磷、钾 3 种营养元素中的 2 种或 3 种且可标明其含量的化肥，称为复合肥料或混合肥料。

有机肥料过去多称为农家肥，是农村就地取材，就地积制而成的一切自然肥料，它们多是动植物残体或人畜粪便以及生活垃圾等，由于其含有丰富的有机物，因此被称作有机肥料。

矿质肥料是以含有作物生长所需的磷、钾、硅、钙、镁、锌、铁、硼、硒等多种营养元素的麦饭石、钾长石等天然矿石做原料，采用新技术、高科技手段生产出的一种 21 世纪的新型肥料。矿物肥富含 50 多种天然元素及腐殖酸，各种元素配比非常合理，是人为不可及的，是天然合成的中、微量及有益元素肥料，作物生长所需的必须元素它都有，缺啥补啥。它有很多用处，能净化水质，能吸附重金属及有害物质。具有提高产量、改善品质、改良土壤、减少病虫害、增强作物抗逆能力等。

微生物肥料是由人工培养的某些有益的土壤微生物制成的肥料，

也叫做菌肥。这类肥料本身不含有养分，也不能替代化学肥料和有机肥料，但它们可以通过有益微生物生长繁殖分泌的代谢产物来改善作物营养，刺激作物生长，抑制有害病菌在土壤中的活动，从而达到提高作物产量的目的。

施肥方法要坚持"有机＋无机，生物＋矿物"的平衡配肥原则，不可偏施偏废。

二、施肥误区

蔬菜施肥，目前在操作上存在着许多错误做法，盲目施肥表现：一是基施粪肥不腐熟；二是冲施化肥不螯合；三是大量元素与中、微量元素比例失衡；四是生物菌肥应用不到位。

（一）粪肥腐熟技术

1. 话说粪肥

根据古希腊传说，用动物粪便作肥料是大力士赫拉克罗斯首先发现的。赫拉克罗斯是众神之主宙斯之子，是一个半神半人的英雄，他曾创下 12 项奇迹，其中之一就是在一天之内把伊利斯国王奥吉阿斯养有 300 头牛的牛棚打扫得干干净净。他把艾尔菲厄斯河改道，用河水冲走牛粪，沉积在附近的土地上，使农作物获得了丰收。当然这是神话，但也说明当时的人们已经意识到粪肥对作物增产的作用。古希腊人还发现旧战场上生长的作物特别茂盛，从而认识到人和动物的尸体是很有效的肥料。在《圣经》中也提到把动物血液淋在地上的施肥方法。千百年来，不论是欧洲还是亚洲，都把粪肥当做主要肥料。

2. 畜禽粪不腐熟的害处

（1）传染病虫害。粪便、生活垃圾等有机物料中含有大肠菌、线虫等病菌和害虫，直接使用导致病虫害的传播、作物发病，对食用农产品的人体健康也产生影响；未腐熟有机物料在土壤中发酵时，容易滋生病菌与虫害，也导致植物病虫害的发生。

（2）发酵烧苗。不发酵的生粪等有机物料施到地里后，当发酵条件具备时，在微生物的活动下发酵，当发酵部位距根较近且作物植株较小时，发酵产生的热量会影响作物生长，严重时，导致植株死亡。

（3）毒气危害。在分解过程中产生甲烷、氨等有害气体，使土壤和作物产生酸害和根系损伤。

（4）土壤缺氧。有机质在分解过程中消耗土壤中的氧气，使土壤暂时性的处于缺氧状态，会使作物生长受到抑制。

（5）肥效缓慢。未发酵腐熟的有机肥料中养分多为有机态或缓效态，不能被作物直接吸收利用，只有分解转化成速效态，才能被作物吸收利用，所以，未发酵直接施用使肥效减慢。

（6）土传病害严重。未经处理直接使用，有机物料体积大，有效成分低，运输不便，使用成本高。如鲜鸡粪鸭粪当中含有火碱、盐以及病菌，没有经过高温腐熟，带进土壤，形成土壤板结，亚硝酸盐超标，滋生绿苔，红苔等一些土传病害，如根结线虫，根腐病，枯黄萎病，茎基腐病，青枯，立枯，疫病等病害难以防治。

3. 粪如何变成肥

接种有益微生物，每立方生粪加入培根 250mL 或 1kg 发粪宝。粪肥和发酵菌混合的方法。

（1）倒堆发酵法。

①按照 1 瓶有机发酵菌发酵 $3m^3$ 粪肥的比例准备好发酵菌。

②将有机发酵菌稀释到喷雾器。

③粪肥一边翻堆，一边均匀喷雾（图 2 - 8）。

④倒堆完毕后粪堆上覆盖棚膜，高温时期持续 15 ~ 30 天。

倒堆发酵法的优点是发酵菌与粪肥混合的均匀，发酵效果好；缺点是费工费时。

（2）打孔发酵法。

①同样按照 1 瓶发酵 $3m^3$ 粪肥的比例准备好有机发酵菌，之后把发酵菌稀释。

②用竹竿或木棍（铁棍）一头削尖，到粪堆上边插孔，孔与孔的距离大致 40cm，孔的深度大约插到粪堆的 2/3 处即可（图 2 - 9）。

图 2 - 8 倒堆发酵法

图 2 - 9 打孔发酵法

③把稀释后的有机发酵菌均匀灌入孔中。

④灌完后粪堆覆盖棚膜，棚膜外覆盖旧草帘，高温情况下持续15～30天。

此方法操作简单，省工省时，且粪肥的腐熟效果也不错，深受菜农的喜欢。

用鸡粪、猪粪、羊粪等畜禽粪便做原料，把水分调制半干半湿状，堆成宽2m、高0.5m、长度不限的条形堆，用旧麻袋片或草帘盖好，垛完成后以与地面45度斜度插入温度计。每天早晚各观察一次，如温度超过60℃持续2天，则需进行翻倒。一般在24小时内，堆温可升至50℃左右。48小时内，堆温可升至60℃以上，甚至高达70℃以上，这样的温度春、夏、秋季节一般5～7天即可使堆中原料全部腐熟，恶臭消失，原料中的病源菌、虫卵、草籽等全部杀死。待有机物料略带酒香或者泥土味，表明发酵完成。

（二）重新认识化肥

1. 不是化肥的错

化肥是重要的农业生产资料，是农业生产和粮食安全的重要保障。经过多年持续快速发展，我国已成为化肥生产和消费的大国。化肥确实是个好东西，一大堆畜禽粪便抵不过那一小撮白色颗粒带给植物的营养，使用起来轻便还干净，农民兄弟很喜欢。化学肥料的使用使粮食的产量神话变成现实。化肥产品如果提前20年得到推广，20世纪60年代初的3年自然灾害也许就不会发生，残酷的饥饿也不至于给几代人留下残酷的记忆。

化肥虽然使产量增加，但是让粮油果蔬的口感下降，水果酸酸的味道刺激着人们挑剔的味蕾，也成为人们唾弃化肥的理由。过量使用化肥造成环境污染，是人们对化肥口诛笔伐的又一个借口。过犹不及这个成语流传了几千年，反映了任何事物一旦过度就会起反作用的真理。化肥好使，但农民兄弟们没有得到很好的技术培训，没有科学合理地使用化肥。多用化肥的结果会呛死它们，多余的化肥会在土壤和水中残留，给环境造成污染。但追究其责，化肥只是替罪羊，造成这些恶果的主谋是人。

2. 螯合技术

（1）肥料为什么要螯合。螯合物是（旧称内络盐）是由中心离子和多齿配体结合而成的具有环状结构的配合物。螯合物是配合物的一种，在螯合物的结构中，一定有一个或多个多齿配体提供多对电子与中心体形成配位键。"螯"指螃蟹的大钳，此名称比喻多齿配体像螃蟹一样用两只大钳紧紧夹住中心体。螯合物通常比一般配合物要稳定，其结构中经常具有的五或六元环结构更增强了稳定性。

（2）复合与螯合有什么不同。复合与螯合是不同的。复合物是在一个有机酸和一个矿物质间以一个单一共价键键结所构成；而螯合物则是以另一种方式键结，其中牵涉到一个配位体键结的复杂交互作用。举例来说，一般的螯合锌是锌分子以 4 个不同强度的键与 2 个氨基酸分子结合，其中，锌和氧间的 2 个键为离子键，另外，键结锌与氮的为共价键。

（3）螯合技术的优点。有机、无机复合肥料；防止微量元素之间颉颃；提高吸收效率 20% 以上；效能稳定，环保高效；优于单纯氨化造粒技术。

3. 化肥螯合技术

第一步：将化肥和螯合剂分别水溶；

第二步：将水溶后的肥液对在一起，搅拌均匀；

第三步：将合成好的肥液放置 12 小时。

（三）生物菌肥

1. 生物菌肥

菌肥亦称生物肥、生物肥料、细菌肥料或接种剂等，但大多数人习惯称菌肥。确切地说，生物肥料是菌而不是肥，因为它本身并不含有植物生长发育需要的营养元素，而只是含有大量的微生物，在土壤中通过微生物的生命活动，改善作物的营养条件。

2. 应用原理

（1）以正压邪。菌肥在植物根系大量生长、繁殖，填充"空仓"，这样就抑制和减少了病原的入侵和繁殖机会，起到了减轻作物病害的功效。

（2）起死回生。将多年沉积于土壤中的无效氮死磷死钾激活，让植物根系吸收，或将土壤中一些作物不能直接利用的物质，转换成可被吸收利用的营养物质，或提高作物的生长刺激物质，或抑制植物病原菌的活动，从而提高土壤肥力，改善作物的营养条件，提高作物产量。

3. 生物菌肥使用方法

一部分生物菌肥属于纯生物制剂，含有固氮根瘤菌、解磷的磷菌剂、解钾的硅酸盐菌等；另一部分生物菌肥除了具有复合菌的功能外还添加了 10% 左右的化肥，使肥料和化肥综合效果，但是用它来替代化肥有夸大之嫌，可是说它一点肥效都没有，也是不科学的，因此，现在的农民用于农业生产的主流肥料仍是以有机肥和化肥为主，而生物肥只作为辅助肥料。在作物的营养最大效率期内最好配合化肥使用，但是要考虑影响细菌生存的温度、湿度、不应将菌肥与杀菌剂、含硫化肥、草木灰等混合使用因为这些药、肥很容易杀死生物菌，正确的使用方法是使用菌肥后间隔 48 小时，再使用其他产品，并防止与未腐熟的农家肥混用。掌握使用温度是关键，有的农民买回家后，不论季节不看温度，盲目使用。施用菌肥最佳温度是 25 ~ 37℃，低于 5℃ 或高于 45℃ 使用效果较差，所以，对高温、低温、干旱条件下的地块不宜使用。

三、合理施肥

（一）基肥

1. 基肥的成分

以有机肥为主，氮磷外为辅，辅以各种中量元素、微量元素，以及生物菌肥，磷肥可以作为基肥施入，能开沟集中施入最好。

2. "两看一注意" 的施肥方法

（1）一看棚室地块。主要是指施肥时，需根据土壤的地力状况及供肥水平来决定施肥用量和肥料种类。

第一种：新棚与老棚。对于新建棚室，由于受当前建棚技术的影响，原种植地块的表层熟土被取走用于堆砌墙体，暴露在外面的则为一层生土，其有机质含量低，各种养分含量不足，必须通过使用基肥加以改土沃土。建议亩用 30m³ 以上的稻壳鸡粪或鸭粪，深翻入土，而后，调畦起垄后，再畦施 100kg 钙镁磷丰养源中微量元素肥 + 50kg 三元复合肥，最后定植时，按照亩用 80 ~ 120kg 的用量，穴施激抗菌

968 生物菌肥，补充土壤有益菌。而对于老棚，则由于常年使用肥料，尤其是冲了施大量的化肥肥料，多表现为养分含量高，但利用率低的情况，故建议保持粪肥量 20m³ 左右，豆粕有机肥 100kg 左右，化肥用量减半，亩（1 亩 ≈667m²。下同）用 25kg 即可，特别增施生物菌肥，以提高养分利用率。

第二种：沙土地与黏土地。在棚室地块中，区别较为明显的是沙土地与黏土地，两者一个保水保肥能力差，一个保水保肥能力强，沙土地的肥力水平要低于黏土地。为此，建议农户在施用底肥时，区别对待。像沙土地，应增设粪肥，同时，配合施用"特优根"土壤改良剂或保水剂，以增强土壤的保水保肥能力。黏土地透气性差，团粒结构形成少，建议通过施用稻壳、鸡粪或秸秆还田等措施加以改良。

第三种：土壤消毒处理过的地块与尚未进行土壤消毒处理的地块。这两种地块最大的区别在于，经过土壤消毒处理的地块，其所含的有益菌数量减少，故需通过增施生物菌肥加以补充，以维护土壤微生态平衡，预防烂根、死棵发生。而尚未进行土壤消毒处理的地块，其存在板结、透气性差、土传病菌多等不足，建议平衡施肥，增施菌肥，深翻土壤，解决土壤恶化等问题。

（2）二看种植作物。不同的蔬菜种类基肥用量有差异。像豆类蔬菜，因其根部共生的根瘤菌具有固氮能力，所以，可减少基肥中氮肥的使用量，以免发生旺长。生产中，可在亩施用 5～8m³ 鸡粪的基础上，配合 30～40kg 中硫酸钾复合肥（20∶20∶20）。另外，豆类蔬菜对硼、钼等微量元素需求敏感，一旦缺乏易造成落花落荚。故建议基肥中，施入硼砂 0.5～1.0kg/亩，钼酸铵 0.03～0.20kg/亩。而瓜类、茄果类蔬菜需肥量大，建议鸡粪每亩施用量在 20m³ 左右，化肥 40～50kg。

（3）注意施用方法。合理的底肥施用方法，可避免烧根熏苗，提高肥效，增强有益菌活性，改土沃土作用明显。一是粪肥的施用。关键在于避免烧根熏苗。建议使用生物菌发酵剂，快速发酵，杀灭虫卵。方法：夏秋季节，在蔬菜定植前半月（冬春季节，需提前 20～

30天），将粪肥均匀撒施在地表，按照2m³粪一瓶激抗菌968肥力高或六和菌养多多腐熟剂的用量，喷洒至粪肥表面，最后使用旋耕机将粪肥深翻入土，待其腐熟即可。二是菌肥的施用。生物菌肥是以活菌的活动或代谢产物刺激作物的生长，若与杀菌剂混用，易将活菌杀死，降低效果。如当前不少菌肥即以放线菌为主，在应用时宜单用，特别要注意不能和杀细菌药剂（DT、链霉素等）混用。此外，还应避免土壤过于干旱、光照过强、盐分太高等不利于有益菌生存的环境条件。

3. 基肥施用方法

撒后耕翻或开深沟施入。

（二）追肥

1. 追肥的成分

以氮肥和钾肥为主，也可以追施速效磷肥。特殊栽培如大棚菜，可于严寒季节追施腐殖酸肥或氨基酸肥，为了补充棚内二氧化碳，还可以追施猪粪或发酵腐熟地的鸡粪。

2. 追肥的作用

植物生长发育过程中有一到多个需关键期，此期是某种元素的需求高峰期，而基肥中的元素释放量不能满足植物需要，因此，要追肥。

3. 追肥时期

追肥时期在需肥关键期之前3~7天。果树类在发芽前和果实膨大前，短期果菜类在果实膨大产，无限生长的长期果菜类在结实旺期多次追施，根菜类、包叶菜类和花菜类在器官肥大初期，叶菜类在旺长期，薯类在结薯初期，小麦在抽穗期，大豆在花荚期，花生在初花期，棉花在现蕾和花铃期。

4. 追肥量

在确定施以量之后，扣除基肥施入量，即为追肥量。根据作物不同生长发育期的需肥特点确定追肥量。

不同的作物差异很大。

5. 追肥方法

通常开沟施入，大棚菜可随水冲施。但磷肥只能开沟集中施入，才能发挥更好的效果。如要有滴灌和微喷设施，可以随水施入。

（三）根外追肥

1. 根外追肥的类型

根外追肥包括叶面叶背面喷布、果面喷布、果木类枝干涂抹和注射。以叶面叶背面喷布为主。

2. 根外追肥的作用

根外追肥代替不了基肥和追肥，但基肥和追肥不能很快很好的起作用时，要外追肥立即发挥作用。如当缺素症发生时，或某种元素很难由根系吸收时，或某种元素在植物体内很难输导时，根外追肥能解决这些问题。甚至微量元素的施用，基本上可以通过根外追肥满足植物需要。

3. 根外施肥的时期

整个生长发育期都可以根外施肥，但不同的器官发育过程和发育状况所用肥料成分不同。

4. 根外追肥的成分

（1）矿质元素类。主要有尿素、硝酸钾、硫酸铵、磷酸二氢铵、磷酸二氢钾、硝酸钙、硝酸镁、硫酸镁、硫酸亚铁、硫酸锌、硫酸锰、硫酸铜、硼砂、钼酸铵、单硅酸（或硅肥的醋酸浸出液）、硫酸钴、二氧化钛、硝酸稀土以及上述矿质元素的螯腐殖酸合态。

（2）有机营养类。主要有氨基酸、糖、牛奶、维生素等。

5. 根外追肥的溶液配制

（1）大多数单一种类的叶面肥浓度为 0.2% ~ 0.5%，极少数单一种类的叶面肥如钼酸铵、硫酸钴、螯合钛以及硝酸稀土为 0.02% ~ 0.05%。各种肥料复配总浓度不宜超过 0.5%。

（2）氮应以硝态氮为主，其中，硝酸钾最好，含氮钾比例 1 : 3，恰是植物吸收这两种元素的最佳比例。

（3）最好是按比例全面补充各种元素，但各种元素配制在一起会发生颉颃作用，影响作物吸收，尤其与含磷肥料配制极易发生沉淀而失去作用。腐殖酸螯合态可解决这一复配中的难题。

（4）肥料复配时不能发生化学反应，明显的化学的应是沉淀浑浊。在没有把握时可先做试验，2 天内不发生肥害，再大面积施用。

6. 根外追肥的注意事项

（1）叶面喷布以 10：00 前和 15：00 后为宜。

（2）为了加强吸收效果，必须掺入渗透剂。

第四节　识药性

一、离不开的农药

（一）农药的基本概念

农药：用以植物病害的化学药剂称农药。

原药：从工厂生产出来未经加工的农药称为原药。

原粉：固体状态的原药称原粉。

原油：液体状态的原药称原油。

有效成分：原药中含有的具杀菌、杀虫等作用的活性成分称为有效成分。

制剂：加工后的农药叫制剂。

剂型：制剂的形态称为剂型。

药效：农药对有害生物的防治效果称为药效。

毒性：对人畜的毒害作用称为毒性。

残毒：在施用农药后相当长的时间内，农副产品和环境残留毒物对人畜的毒害作用称为残留毒性或残毒。对农药的要求是高效、低毒、低残留。

（二）农药是保护粮油果蔬安全的特种部队

人类社会仍然需要农药，首先是因为需要更多的粮食，2005 年 6 月以来，世界人口已达 64.77 亿，预计到 21 世纪中叶，世界人口将达

90 亿~120 亿。人口的增长使得食品不足和缺乏营养，成为当今世界面临的重大问题。要大量增加粮食，除需要有多种现代农业措施的配合外，其中，比较现实的措施之一就是尽可能减少由于病、虫、草、鼠等有害生物危害造成的占总产量 30% 的损失，而在相当长的一个时期内，农药仍然是实施这一措施的主要物质基础。正是基于上述两个原因，全世界对农药的需求量仍然很大，而且呈相对稳定的态势。

农药的火力强大，对病菌、害虫虽然致命却无法让其绝种，年复一年地使用农药，对农田土地、水资源、空气形成累积性的污染，农民的生存环境越来越恶劣，健康状况也在农药的戕害中逐步委顿。农药的化学物质残留在土地和水中，多少都会被粮食作物吸收，潜伏到咱们吃的粮食里去，水果、蔬菜生长期短、附着力强，更容易受到农药里有害化学物质的污染。城市居民虽然不必直接接触农药，但是每天食用蔬菜、水果也会间接受到农药的伤害。这是咱们必须承担的代价，没得选择！我们企盼在不久的将来，更多的知识农民加入生产，更多有效的代替有毒农药的产品被研制开发，政府更加严厉地监管，带给我们更少的农药伤害，还给地球更加干净的未来。

（三）使用农药是综合防治中的重要措施

我国早在 1975 年就提出"预防为主，综合防治"的植物保护方针。综合防治应该理解为从生态学的观点出发，全面考虑生态平衡、经济利益及防治效果，综合利用和协调农业防治、物理和机械防治、生物防治及化学防治（使用农药）等有效的防治措施，将有害生物的危害控制在一个可以接受的水平。化学防治具有对有害生物高效、速效、操作方便、适应性广及经济效益显著等特点，因此，在综合防治体系中占有重要地位。在目前及可以预料的今后很长一个历史时期，化学防治仍然是综合防治中的主要措施，是不可能被其他防治措施完全替代的。英国的 L. Copping 博士在 2002 年曾指出"如果停止使用农药，将使水果减产 78%，蔬菜减产 54%，谷物减产 32%"。据统计，我国因使用农药每年可挽回粮食损失 5 400 万 t，棉花 160 万 t，蔬菜 1 600 万 t，水果 500 万 t，减少经济损失 300 亿人民币。

（四）农药发展简史

尽管人类利用天然矿物和植物防治农业病虫害的历史，可以追溯到 3 000 年前的古希腊古罗马时期，但农药作为商品规模化生产、流通和使用却始于 19 世纪中叶。100 多年来，农药的发展可大致分为下述 3 个历史阶段。

1. 无机及天然产物农药阶段（19 世纪中叶至 20 世纪中叶）

这一阶段的农药主要是以矿物和植物为原料生产的无机农药和天然产物农药。世界著名的三大杀虫植物除虫菊、鱼藤和烟草的强大杀虫作用虽然早已被确认，但真正将除虫菊花粉、鱼藤根粉及烟草碱作为农药商品化生产及销售则始于 19 世纪中期。在这一阶段作为商品生产和应用的无机农药主要有杀虫剂亚砷酸钠、砷酸铅、巴黎绿（杀虫活性成分为亚砷酸铜）、氟硅酸钙、冰晶石（主要成分为氟铝酸钠）及硫黄等。杀菌剂主要有硫黄粉、石硫合剂、波尔多液、硫酸铜。除草剂则主要有亚砷酸钠、氯酸钠、氟化钠及硝酸铜等。这一阶段的农药有下述特点。

（1）其原料大多数是天然的植物或矿物，经过简单的反应或加工而成。剂型单一，主要是粉剂或可湿性粉剂。

（2）其作用方式单一，杀虫杀菌谱较窄。无机杀虫剂如砷制剂、氟制剂等由于难以穿透昆虫表皮，一般不表现触杀作用，只有胃毒作用，因此，只适用于防治咀嚼式口器害虫，而三大植物杀虫剂大多以粉剂供应，有效成分含量低，主要用来防治个体较小的蚜、螨等。无机杀菌剂如硫制剂、铜制剂均为保护性杀菌剂，而无治疗作用，病原菌入侵之前使用有效，而且，前者主要用于防治锈病、白粉病等，后者主要用于防治藻菌纲病害如早（晚）疫病等。无机除草剂大多为灭生性的，本身没有选择性。

（3）活性低，使用量大。这一阶段的农药无论是植物杀虫剂还是其他无机农药，其对有害生物的毒力均较小，因而，要达到预期的防治效果就必须使用大剂量，其制剂的用量通常都在每公顷几千克至几十千克。

（4）对非靶标生物的危害相对较小。三大植物杀虫剂对哺乳动物的急性毒性，特别是经皮毒性较低，因而，对人、畜比较安全。无机农药中，尽管砷制剂的经口毒性很高，但经皮毒性很低，因而，在使用中除误食外，对哺乳动物仍比较安全。无机农药一般都不具备触杀活性，所以，对许多害虫的天敌等非靶标生物相对安全。但是，由于无机农药特别是砷制剂等，其有毒元素并不分解消失，因而，其残留及残毒却是一个突出的问题，为此，英国政府于1903年第一次制定了食物中砷的残留标准（$1.43\mathrm{mg \cdot kg^{-1}}$）。

2. 近代有机合成农药阶段（1945—1975年）

第二次世界大战结束后，有机氯杀虫剂DDT和六六六在全世界范围内迅速广泛使用。自1943年第一个有机磷酸酯类杀虫剂进入市场后，内吸磷、甲拌磷、敌百虫、敌敌畏、久效磷、磷胺、二溴磷、对硫磷、甲基对硫磷、辛硫磷、二嗪磷、马拉硫磷、乐果、杀螟硫磷、毒死蜱、喹硫磷、水胺硫磷、水杨硫磷、三唑磷、甲胺磷、乙酰甲胺磷等一大批有机磷杀虫剂相继成功开发。自1956年甲萘威真正商品化并广泛应用后，克百威、异丙威、残杀威、仲丁威、速灭威、涕灭威、抗蚜威也相继投入商品化生产。至此，形成了以有机氯、有机磷和氨基甲酸酯为主的三大支柱的杀虫剂市场。

在这一阶段，有机合成杀菌剂得以快速发展。继1930年开发福美锌、五氯硝基苯及1931年开发福美双后，又先后开发出敌克松、代森铵、萎锈灵和氧化萎锈灵等有机硫杀菌剂；开发出稻瘟净、异稻瘟净、敌瘟磷等有机磷杀菌剂；开发出灭菌丹、菌核利、异菌脲、腐霉利等羧酰亚胺类杀菌剂；开发出硫菌灵、甲基硫菌灵、苯菌灵、噻菌灵及多菌灵等苯并咪唑类杀菌剂。至1975年前后，已逐渐形成以有机硫类、有机磷类、羧酰亚胺类及苯并咪唑类四大支柱的杀菌剂市场。

这一阶段涌现的除草剂品种繁多。继1942年相继开发出苯氧羧酸类除草剂2,4-D钠盐、2,4-D丁酯和2甲4氯后，又开发出豆科威、麦草畏等苯基羧酸类除草剂；除草醚、草枯醚等二苯醚类除草剂；氟乐灵、除草通等二硝基苯胺类除草剂；甲草胺、敌稗（1960年）丁草胺、新燕灵等酰胺类除草剂；敌草隆、绿麦隆、利谷隆等取代脲类除草剂；西玛津、莠去津、扑灭津、西草净、扑草净等三氮苯类除草剂；茵达灭、燕麦畏、禾大壮、燕麦灵等硫代氨基甲酸酯类除草剂及灭草松、噁草酮、百草枯、燕麦枯等杂环类除草剂。

这一阶段农药的特点可概括如下。

（1）广谱。这一阶段的杀虫剂无论是有机氯、有机磷还是氨基甲酸酯类，其分子结构都具有合理的亲水亲油平衡值，具有强大的触杀作用和胃毒作用，许多品种有内吸作用，少数还有熏蒸作用，因而这些杀虫剂绝大多数都是广谱杀虫剂，其中，许多品种还是杀虫杀螨剂。这一阶段的杀菌剂，除具有保护作用外，许多品种，特别是有机磷类、苯并咪唑类以及萎锈灵和氧化萎锈灵等都是内吸杀菌剂，具有显著的治疗作用。许多品种，如代森锰锌、多菌灵、甲基硫菌灵等都是广谱杀菌剂。这一阶段的除草剂除二苯醚类为触杀性除草剂外，其余均为内吸性除草剂，许多品种既可做土壤处理，又可作茎叶处理。许多典型的除草剂，对多种禾本科杂草和阔叶杂草均可有效防除。

（2）高效。这一阶段的农药，其生物活性与无机及天然产物农药阶段相比，至少提高了一个数量级，如杀虫剂的田间有效用药量，有机磷类、氨基甲酸酯类约为 $200 \sim 500 g/hm^2$；有机氯类约为 $1\,000 \sim 2\,000 g/hm^2$；杀菌剂田间有效用药量，保护性杀菌剂如代森锰锌等约为 $1\,500 g/hm^2$，而苯并咪唑类则在 $300 \sim 500 g/hm^2$；除草剂的田间有效用量，苯氧羧酸类（2,4-D 丁酯）在 $400 \sim 600 g/hm^2$，二硝基苯胺类（氟乐灵）$500 \sim 800 g/hm^2$，三氮苯类（扑草净）$150 \sim 300 g/hm^2$。

（3）高毒。这一阶段的农药尤其是杀虫剂，许多都是高毒品种，如有机磷酸酯类杀虫剂甲胺磷、内吸磷、对硫磷、甲拌磷等，氨基甲酸酯类杀虫剂克百威、涕灭威等，这些杀虫剂不但对人畜极不安全，而且对害虫天敌、禽鸟、鱼类等非靶标生物也不安全。

（4）化学性质稳定，容易产生残留残毒，污染环境。有机氯杀虫剂六六六、DDT 虽然急性毒性并不大，但因其化学性质稳定，在环境中滞留时间很长，容易产生残留毒性。

3. 现代有机合成农药阶段（1975 年至今）

一方面，近代有机合成农药具有药效好、成本低、使用方便等优点，其品种、产量迅速增加，使用更加广泛，无论是农药工业还是种植业都获得显著的经济效益；但另一方面，这些农药对非靶标生物的危害，特别是环境受到一定程度的污染。1962 年美国海洋生物学家 R. Carson 博士所著《Silent Spring》（寂静的春天）的出版引起了全世界的轰动。虽然她在书中对农药的环境污染问题做了许多夸张的描述，但却引起全社会，特别是各国政府对环境的高度重视，促进了环境友好农药的发展，并在 20 世纪 70 年代中期进入现代有机合成农药阶段。这一阶段的农药具有下述几个特点。

（1）生物活性大幅度提高。这一阶段开发的农药品种，其生物活性较之近代有机合成农药阶段提高了一个数量级。就杀虫剂而言，氯氰菊酯、溴氰菊酯、氟氯氰菊酯等拟除虫菊酯类杀虫剂是其代表。据报道，溴氰菊酯的触杀毒力是 DDT 的 100 倍左右，是甲萘威的 80 倍，马拉硫磷的 50 倍，对硫磷的 40 倍。其田间用量仅 $10 \sim 25 g/hm^2$。就杀菌剂而言，三唑酮、三唑醇及丙环唑等三唑类麦角甾醇合成抑制剂最具代表性。三唑酮田间喷雾防治麦类锈病，其用量为 $125 \sim 250 g/hm^2$，而用作拌种处理，其用量仅为种子重量的 0.03%。就除草剂而言，氯磺隆、苯磺隆、苄嘧磺隆、甲磺隆、噻磺隆等磺酰脲类除草剂最具代表性，甲磺隆用于防除麦类作物的禾本科杂草和阔叶杂草，其有效用量仅 $10 \sim 15 g/hm^2$，堪称"超高效"农药。

（2）新颖的分子骨架结构。这一阶段涌现出许多具有新颖分子结构的高效农药。就杀虫剂而言，除前面已述及的拟除虫菊酯类杀虫剂外，还有吡虫啉、啶虫脒、烯啶虫胺、噻虫嗪等氯化烟碱类杀虫剂，灭幼脲、除虫脲、氟虫脲、伏虫隆、定虫隆等苯甲酰脲类杀虫剂，抑食肼、虫酰肼、氯虫酰肼、环虫酰肼等酰肼类杀虫剂，哒螨酮、哒幼酮、NC-184、NC-194 等哒嗪酮类杀虫杀螨剂以及唑螨酯、吡螨胺、氟虫腈、乙硫氟虫腈等吡唑类杀虫剂。就杀菌剂而言，这一阶段发展了三唑类杀菌剂，如丙环唑、腈菌唑、烯唑醇、氟硅唑、丙硫菌唑等，咪唑类杀菌剂如抑霉唑、咪鲜安、氰霜唑等，吗啉类杀菌剂，如十三吗啉、丁苯吗啉、烯酰吗啉等，酰胺类杀菌剂，如甲霜灵、氟酰胺、氰菌胺、甲呋酰胺等，吡啶类杀菌剂，如氟啶胺、啶菌胺、啶酰菌胺等，以及甲氧基丙烯酸酯类杀菌剂，如嘧菌酯、肟菌酯、醚菌酯等。就除草剂而言，1975年开发成功第一个芳氧苯氧基丙酸酯类除草剂禾草灵后，又陆续开发出喹禾灵、右旋吡氟乙草灵、吡氧禾草灵、恶唑禾草灵等；1982年开发出第一个磺酰脲类除草剂氯磺隆后，又陆续开发出苯磺隆、苄嘧磺隆、甲磺隆、噻磺隆等几十个品种。此外，这一阶段还开发出咪草烟、咪草酯等咪唑啉酮类除草剂以及烯草酮、丁苯草酮、烯禾啶等环己烯酮类除草剂。

（3）新颖的作用靶标。这一阶段开发的农药不仅具有新颖的分子结构，而且还具有独特的作用靶标。

杀虫剂中灭幼脲等苯甲酰脲类杀虫剂主要是影响昆虫表皮几丁质的沉积从而影响了新表皮的形成；氟虫腈等吡唑类杀虫剂是 γ – 氨基丁酸（GABA）受体的抑制剂；而杀虫抗生素阿维菌素则是 GABA 的激活剂；虫酰肼等酰肼类杀虫剂是类蜕皮激素剂，影响昆虫蜕皮；而哒幼酮等哒嗪类杀虫剂则是类保有激素剂，影响昆虫的变态发育；新开发的环虫腈等嘧啶胺类杀虫剂以二氢叶酸还原酶为靶标；而邻甲酰氨基苯甲酰胺类杀虫剂则和昆虫肌细胞中鱼尼丁受体通道（RyR_3）结合，影响"钙库"中 Ca^{2+} 释放。

杀菌剂中，三唑酮等三唑类杀菌剂是影响麦角甾醇的合成，从而影响细胞膜的功能；三环唑等影响黑素的生物合成，附着胞壁不能黑化而丧失穿透侵染能力；嘧菌酯等甲氧丙烯酸酯类杀菌剂抑制了病原菌线粒体呼吸链中电子传递，作用部位是复合体 III（细胞色素 b 和细胞色素 c 的复合体）；嘧菌胺等嘧啶苯胺类杀菌剂一是抑制病原菌细胞壁降解酶的分泌，二是干扰甲硫氨酸（蛋氨酸）生物合成；拌种咯等苯基吡咯类杀菌剂是抑制蛋白激酶 PK – III 的活性，使活化的调节蛋白不能失活，导致甘油合成失控，细胞肿胀死亡；而噻瘟唑、活化酯等则为防御素激活剂，本身并无杀菌活性，而是激发植物产生防御性物质。除草剂中，乙酰乳酸合成酶（ALS）是支链氨基酸合成的主要酶系，磺酰脲类、咪唑啉酮类、嘧啶水杨酸类及磺酰胺类除草剂正是以此酶为靶标；乙酰辅酶 A 羧化酶（ACCase）是脂肪酸合成的主要酶系，芳氧苯氧丙酸类及环己烯酮类除草剂是以此酶为靶标；八氢番茄红素去饱和酶是类胡萝卜素生物合成的主要酶系，是苯基哒嗪酮类、苯氧基苯酰胺类、四氢嘧啶酮类除草剂的作用靶标；对羟苯基丙酮酸双氧化酶（HPPD）是类胡萝卜素生物合成的另一种重要酶系，磺草酮等三酮类、异噁唑酮等异噁唑类除草剂以此酶为靶标。此外，5－烯醇丙酮酰莽草酸－3－磷酸酯合成酶（EPSP）及谷氨酰胺合成酶（GS）则分别是草甘膦和草铵膦的作用靶标。

（4）良好的环境相容性。这一阶段的农药，尤其是杀虫剂绝大多数高效、低毒，与环境有良好的相容性。如抑制昆虫几丁质合成的苯甲酰脲类、类蜕皮激素酰肼类及类保幼激素哒嗪酮类等杀虫剂不但对靶标生物高效，而且对许多非靶标生物安全，在环境中易于降解，是理想的化学农药。

（五）农药的分类

《农药手册》（The pesticide manual）第十四版记录全世界商品农药 1 524 种。

1. 农药的种类

（1）依防治对象分。

①杀菌剂：杀菌剂是用来防治植物病害的药剂，如波尔多液、代森锌、多菌灵、粉锈宁、克瘟灵等农药。主要起抑制病菌生长，保护农作物不受侵害和渗进作物体内消灭入侵病菌的作用。大多数杀菌剂主要是起保护作用，预防病害的发生和传播。

②杀虫剂：杀虫剂是用来防治各种害虫的药剂，有的还可兼有杀螨作用，如敌敌畏、乐果、甲胺磷、杀虫脒、杀灭菊酯等农药。它们主要通过胃毒、触杀、熏蒸和内吸 4 种方式起到杀死害虫作用。

③杀螨剂：杀螨剂是专门防治螨类的药剂，三氯杀螨醇和克螨特农药。杀螨剂有一定的选择性，对不同发育阶段的螨防治效果不一样，有的对卵和幼虫或幼螨的触杀作用较好，但对成螨的效果较差。

④除草剂：专门用来防除农田杂草的药剂，如除草醚、杀草丹、氟乐灵、绿麦隆等农药。根据它们杀草作用可分为触杀性除草剂和内吸性除草剂，前者只能用于防治由种子发芽的一年生杂草，后者可以杀死多年生杂草。有些除草剂在使用浓度过量时，草、苗都能杀死或会对作物造成药害。

⑤植物生长调节剂：专门用来调节植物生长、发育的药剂，如赤霉素（九二〇）、萘乙酸、矮壮素、乙烯剂等农药。这类农药具有与植物激素相类似的效应，可以促进或抑制植物的生长、发育，以满足生长的需要。

⑥杀线虫剂：适用于防治蔬菜、草莓、烟草、果树、林木上的各种线虫。杀线虫剂由原来的有兼治作用的杀虫、杀菌剂发展成为一类药剂。目前的杀线虫剂几乎全部是土壤处理剂，多数兼有杀菌、杀土壤害虫的作用，有的还有除草作用。按化学结构分为四类，卤化烃类、二硫代氨基甲酸酯类、硫氰脂类和有机磷类。

⑦杀鼠剂：杀鼠剂按作用方式分为胃毒剂和熏蒸剂。按来源分为无机杀鼠剂、有机杀鼠剂和天然植物杀鼠剂。按作用特点分为急性杀鼠剂（单剂量杀鼠剂）及慢性抗凝血剂（多剂量抗凝血剂）。

（2）按照药剂的来源分。杀菌剂可分为无机杀菌剂、有机杀菌剂、农用抗菌剂、植物源杀菌剂。

①无机杀菌剂：利用天然矿物或无机物加工而成，如硫酸铜、硫黄粉、波尔多液、石硫合剂、氯化铜等，此类药剂价格便宜、污染少、药效长、杀菌谱广、病菌不易产生抗药性，但易发生药害，多为保护性杀菌剂。

②有机杀菌剂：人工合成绝大多数杀菌剂，主要有机硫、有机砷、取代苯类、有机杂环类等，此类药剂高效、用途广、使用方便，但易污染环境和使有害生物产生抗药性，有保护性和内吸性杀菌剂。

③农用抗生素：微生物的代谢产物，如四环素、农用链霉素、井冈霉素等，此类药剂污染少、不破坏生态平衡。

④植物源杀菌剂：从植物中提取的具有杀菌作用的物质，如大蒜素等，此类药剂安全、无污染。

（3）按照作用方式分。杀菌剂的作用方式有保护作用、治疗作用、铲除作用、免疫作用，按照作用方式不同，杀菌剂可分为保护剂、治疗剂、铲除剂、免疫剂。

①保护剂：指施在植物表面保护植物不受病原物侵染的药剂。该剂特点是不能进入植物体内，对侵入的病原物无效。一般在病原物侵入前使用，且要求药剂必须均匀周到地分布在植物表面。

②铲除剂：指杀菌作用强，但易产生严重药害，常在植物休眠期或其周围环境中使用，铲除潜藏的病原物，清除侵染来源的药剂。如五氯硝基苯、石硫合剂等。

③治疗剂：指能进入植物组织内部，抑制或杀死已经侵入的病原物或作用于病原物的致病过程，使植物病情减轻或恢复健康的药剂。该剂特点是有较强的内吸作用，对侵入寄主体内的病原物有效，可治疗已经感染或发病的植物。内吸治疗剂兼具保护作用，由于受植物吸收量和传导性等因素的限制，目前，治疗剂对于发病植株治疗效果还不理想，多数情况下还主要利用其保护作用。

④免疫剂：指药剂进入植物体后，能诱发植物产生某种抗病性的药剂。作用机制为诱发寄主产生植保素杀死病菌或改变寄主的形态结构抑制病菌的侵染或扩展。

（4）按照防治对象范围的大小分。杀菌剂可分为专化性杀菌剂和广谱杀菌剂。专化性杀菌剂有很强的选择性，只对特定类群的病原菌有效。广谱杀菌剂则杀菌范围很广，对分类地位不同的多种病原菌都有效。

（5）依杀菌剂的剂型分。可分为粉剂、可湿性粉剂、悬浮剂（胶悬剂）、颗粒剂、乳剂、水剂、烟雾剂、水溶剂、缓释剂、油剂等。不同剂型农药使用方法和目的不同。

二、杀菌剂

杀菌剂的发展史，大致可分为 4 个时期。

第一个时期（古时期到 1882 年），硫杀菌剂时期。

第二个时期（1882—1934 年），铜时期。

波尔多液：无机杀菌剂向有机杀菌剂的过渡时期。

第三个时期（1934—1966 年），是保护性的有机杀菌剂大量使用时期。

第四个时期（1966 年到现在），内吸性有机杀菌剂的出现和广泛应用。

（1）探索阶段（1966 年以前）。磺胺类和某些抗生素。

（2）突破阶段（1966—1970 年）。甲基硫菌灵，多菌灵。大都为上行性的，大都对藻菌纲真菌无效。

（3）进展阶段（1970 年至今）。

①出现了能防治藻菌纲真菌病害的品种，如甲霜灵、霜脲氰等。

②出现下行和双向内吸性杀菌剂，如吡氯灵（下行）、乙膦铝（双向）等。

③出现了长效品种，如三唑酮（16 周）、甲霜灵（24 周）。

④具有的内吸性杀菌剂增多，如甲霜灵、三唑醇、多效唑、烯效唑等。

⑤三唑类和甲氧基丙烯酸酯类化合物。近年来崛起并迅速成长的一类新颖杀菌剂，它对杀菌剂的发展具有划时代的意义，超高活性和广谱性。

杀菌剂的主要种类和特点如下。

（一）含铜杀菌剂

1. 主要种类

（1）无机铜制剂。波尔多液和硫酸铜、氯氧化铜、氢氧化铜、氧化亚铜、碳酸铵铜。

（2）有机铜制剂。噻菌铜、松脂酸铜、琥珀肥酸铜（DT）、腐殖酸铜、脂肪酸铜、硝基酸铜、喹啉铜、壬菌铜、环烷酸铜、铜皂液、氨基酸铜、乙酸铜、胺磺酸铜等。

2. 特点

喷布在植物表面可形成一层保护"药膜"，在一定湿度条件下释放出铜离子，能有效抑制菌丝体生长，对真菌、细菌、病毒都有效，但对螨类害虫无杀伤作用。既有保护性，又有治疗性。没有内吸性、没有抗药性。铜制剂在杀菌同时释放出的铜离子能被作物吸收，促进了作物的生长，可使瓜果类蔬菜颜色鲜艳、果面光洁发亮，从而诱集螨类害虫栖息、吸食，刺激螨类害虫大量产卵。

3. 用法

（1）无机铜制剂单独使用，有机铜制剂现配现用。

（2）不和无机硫一起用，间隔 15 天以上，灌根或喷施。

（3）应在细菌或真菌病征出现前使用。

（4）使用时要将农药的 pH 值调在 6 以上。

（5）气温高时避免使用。

（6）铜素杀菌剂并不是完全安全可靠的，滥用、乱用，也会造成药害、害螨猖獗、土壤污染等问题。

4. 常用含铜杀菌剂的药性

（1）硫酸铜。水溶性大，铜离子短时间内全部释放。铜离子直接接触植物，药害大。

（2）波尔多液。水溶性小。铜离子到达植物表面，慢慢释放，药害小。叶面喷雾。杀菌谱广，黏着性好，药效持久、低廉。

（3）铜氨合剂。水溶性大，进入菌体和植物的通透性大。铜离子直接接触植物，同时，渗透性大，药害比硫酸铜更大。基本不用于田间喷雾，浇灌土壤防治土传病害。

（二）含硫杀菌剂

1. 主要种类

（1）无机硫杀菌剂。石硫合剂、硫黄和胶体硫。无机硫杀菌剂在气温高于 30℃时，要适当降低施药浓度和减少施药次数，对硫黄敏感的作物（如瓜类、豆类、苹果、桃等）最好不要使用。

（2）有机硫杀菌剂。福美系列类和代森系列。

2. 特点

此类杀菌剂都是以保护作用为主，其中代森铵、乙蒜素和福美胂产品有一定的治疗作用。其中，含锰锌系列产品在部分作物的生长阶段易药害，现国内对于代森锰锌都做成或宣传成络合态产品，第一安全性好；第二保护期长。不容易产生抗药性；延缓其他容易产生抗药性的杀菌剂抗性产生；无机硫杀菌剂在温度高于30℃时容易产生要害。

3. 用法

预防；互配；经常用。

4. 常用含硫杀菌剂的药性

（1）代森锰锌。广谱性的保护性杀菌剂，其杀菌原理主要是抑制菌体丙酮酸的氧化，常与多种内吸性杀菌剂复配混用，延缓抗药性的产生。制剂：80%、70%、65%、50%可湿性粉剂，43%、42%、30%悬浮剂，75%水分散粒剂。

（2）代森铵。代森铵的水溶液呈弱碱性，具有内渗作用，能渗入植物体内，所以，杀菌力强，兼具铲除、保护和治疗作用。在植物体内分解后，还有肥效作用。可作种子处理、叶面喷雾、土壤消毒及农用器材消毒。杀菌谱广，能防治多种作物病害，持效期短，仅3～4天。

（3）福美双。保护作用强，抗菌谱广，主要用于处理种子和土壤，防治禾谷类黑穗病和多种作物的苗期立枯病，也可用于喷雾防治一些果树、蔬菜病害。可与多种内吸性杀菌剂复配，并可与其他保护型杀菌剂复配混用。制剂：70%、50%可湿性粉剂，80%水分散粒剂，10%膏剂。

（4）乙蒜素（乙烷硫代磺酸乙酯）。是大蒜素的同系物，对植物生长具有刺激作用，经它处理过的种子出苗快，幼苗生长健壮。以保护作用为主，兼有一定的铲除作用和内吸性，对多种病原菌的孢子萌发和菌丝生长有很强的抑制作用。

（三）取代苯类杀菌剂

1. 主要种类

百菌清、敌磺钠和五氯硝基苯。

2. 特点

广谱真菌，具预防作用，没有内吸传导作用；不易受雨水冲刷，残效期长。

3. 用法

百菌清叶面喷雾，容易分解；敌磺钠土壤消毒；五氯硝基苯土壤消毒，很难分解。

4. 常用取代苯类杀菌剂的药性

（1）百菌清是一种广谱、非内吸性、适于施用于植物叶面的保护性杀菌剂，没有内吸传导作用，不能从喷药部位及植物的根系被吸收。制剂：90%、75%水分散粒剂，75%可湿性粉剂，72%、50%、40%悬浮剂，45%、30%、20%、10%、2.5%烟剂，5%粉尘剂，10%油剂。以百菌清为有效成分的农药混剂很多。

（2）五氯硝基苯是个老保护杀菌剂，在土壤中持效期长，多用于种子处理和土壤处理，可防治苗期的主要病害。

（3）敌磺钠是选择性土壤处理剂。

（4）邻苯基苯酚主要用于水果蔬菜保鲜使用。

（5）邻烯丙基苯酚是山东京蓬开发产品，主要用于防治灰霉。

（6）四氯苯酞是保护性杀菌剂，主要用于水稻稻瘟病。

（四）三唑类杀菌剂

1. 主要种类

抑制性强：三唑酮（粉锈宁）、丙环唑、戊唑醇、氟环唑、氟硅唑、已唑醇。

抑制性弱：苯醚甲环唑、腈苯唑。

2. 特点

作用机制是抑制病菌麦角甾醇的生物合成使菌体细胞膜功能受到

破坏，因而，抑制或干扰菌体附着胞及吸器的发育、菌丝和孢子的形成。对子囊菌担子菌和半知菌都有很好活性，对卵菌纲无效；具有保护作用和较好治疗作用；有抑制性。持效期长，一般是叶面喷雾的持效期为 15~20 天，种子处理为 80 天左右，土壤处理可达 100 天，均比一般杀菌剂长，且随用药量的增加而延长。

3. 用法

具有高效、广谱、低残留、残效期长、内吸性强的特点，兼有保护、治疗和熏蒸作用。施药量低。不但可叶面喷雾，也可拌种或撒施药土等。三唑类杀菌剂对植物都有生长调节作用，浓度控制得当，可以显著刺激作物生长，浓度过大（如小麦用三唑酮高浓度拌种），也可能造成药害。

4. 常用三唑类杀菌剂的药性

（1）三唑酮。高效、低毒、低残留、持效期长的强内吸杀菌剂，被植物的各部分吸收后，能在植物内传导，对锈病和白粉菌具有预防、治疗、铲除和熏蒸等作用。制剂：20%、15% 乳油，25%、15%、10% 可湿性粉剂，15% 热雾剂。

（2）腈菌唑。腈菌唑杀菌特性与三唑酮相似，杀菌谱广，内吸性强，对病害具有保护作用和治疗作用，可以喷洒，也可处理种子。制剂：25%、12.5%、10.5%、5% 乳油，12.5%、5% 微乳剂，40%、12.5% 可湿性粉剂，40%、20% 悬浮剂，40% 水分散粒剂。

（3）硅氟唑。具有保护和治疗作用，渗透性强。其杀菌活性 2000 年首先报道，2001 年在日本获得农药登记，登记用来防治水稻纹枯病。目前，该药用于防治苹果树黑星病、苹果花腐病、苹果锈病、苹果白粉病的应用技术正在研究开发。也可用于小麦种子处理，防治小麦散黑穗病。

（4）苯醚甲环唑。保护、治疗、铲除作用；对作物安全，用于种子包衣，对种苗无不良影响，表现为出苗快、出苗齐，这有别于三唑酮等药剂。制剂：10%、15%、25%、30%、37% 水分散粒剂，10%、15% 微乳剂，5%、20% 水乳剂，20%、25% 乳油。

（五）苯并咪唑类杀菌剂

1. 主要种类

有多菌灵、丙硫多菌灵、苯菌灵、噻菌灵、麦穗宁等。近年来，还开发了多菌灵的酸盐，如多菌灵盐酸盐（防霉宝）、多菌灵水杨酸盐（增效多菌灵）、多菌磺酸盐（溶菌灵）。

2. 特点

此类杀菌剂也是被农资人所熟知的，主要有多菌灵/甲基硫菌灵（即甲托），还有噻菌灵，苯菌灵和丙硫多菌灵 3 个，近年来还有多菌灵产品的一些衍生产品如酸盐、盐酸盐、水杨酸盐、磺酸盐等产品。硫菌灵和甲基硫菌灵都是在植物体内转化为多菌灵起杀菌作用，所以，也划入此类产品。这类产品具有内吸性，兼有保护和治疗作用，对子囊菌担子菌和半知菌病害有很好作用。由于常年使用，产生了一定的抗药风险。

3. 用法

广谱这些品种的杀菌谱超过其他类杀菌剂，对子囊菌、担子菌、半知菌三大类中的许多属、种，且多是植物病害的主要致病菌，因而，适用于多种经济作物、禾谷类、果树、蔬菜、园林植物、花卉等。

4. 常用苯并咪唑类杀菌剂的药性

（1）多菌灵。多菌灵是一种高效低毒内吸性杀菌剂，对许多子囊菌和半知菌都有效，而对卵菌和细菌引起的病害无效。具有保护和治疗作用。制剂：20%、25%、40%、50%、80% 可湿性粉剂，40% 悬浮剂等。

（2）苯菌灵。本品是为广谱内吸性杀菌剂，进入植物体后容易转变成多菌灵及另一种有挥发性的异氰酸丁酯，是其主要杀菌物质，因而其杀菌作用方式及防治对象与多菌灵相同，但药效略好于多菌灵。具有保护、治疗和铲除等作用，可用于喷洒，拌种和土壤处理。制剂：50% 可湿性粉剂，40% 悬浮剂。

（3）噻菌灵。噻菌灵有内吸传导活性，根施时能向顶传导，但不能向基传导。杀菌谱广，具有保护和治疗作用，与多菌灵、苯菌灵等苯并咪唑类的品种之间有正交互抗性。制剂：40%可湿性粉剂，50%、45%、43.2%、15%悬浮剂，3%烟剂，水果保鲜纸等。

（4）甲基硫菌灵。在自然、动植物体内外以及土壤中均能转化成多菌灵，当甲基硫菌灵施于作物表面时，一部分在体外转化成多菌灵起保护剂作用；一部分进入作物体内，在体内转化成多菌灵起内吸治疗剂作用。制剂：80%、70%、50%可湿性粉剂，50%、36%、10%悬浮剂，4%膏剂，3%糊剂。

（六）苯基酰胺类杀菌剂

1. 主要种类

甲霜灵、恶霜灵、苯霜灵、噻呋酰胺。

2. 特点

具有保护、治疗和铲除作用，有很强的双向内吸输导作用，只对卵菌类有效，施药后对植物有保护及治疗作用。

3. 用法

用作种子处理或灌根，持效期可达 1 个月，叶面施用持效期约15 天，对人、畜均低毒，残留量也较低。

4. 常用苯基酰胺类杀菌剂的药性

（1）甲霜灵。对植物病害具有保护、治疗和铲除作用，进入植物体内的药剂可向任何方向传导，即有向顶性、向基性，还可进行侧向传导，仅对卵菌纲病害有效，对其中的霜真菌、疫真菌、腐真菌有特效。甲霜灵易引起病菌产生耐药性，尤其是叶面喷雾，连续单用两年即可发现病菌抗药现象，使药剂突然失效。

甲霜灵单剂一般只用于种子处理和土壤处理，不宜作为叶面喷洒用。叶面喷雾应与保护性杀菌剂混用或加工成混剂，试验证明，混用或混剂可以大大延缓耐药性的发展，尤其是与代森锰锌混用效果最好。甲霜灵混剂有甲霜铜（甲霜灵＋琥胶肥酸铜）、甲霜铝铜（甲霜灵＋三乙膦酸铝＋琥胶肥酸铜）、甲霜锰锌（甲霜灵＋代森锰锌）等。

注意事项：该药单独喷雾容易诱发病菌抗药性，除土壤处理能单用外，一般都用复配制剂。

（2）噁霜灵。与甲霜灵生物活性相似，被作物内吸后很快转移到未施药部位，其向顶传导能力最强，因此，根施后吸收传导速度快；施在叶片的一面后向另一面传导能力很弱，因此，在做茎叶喷雾时要均匀。仅对卵菌纲病害有效，具有保护、治疗、铲除作用，施药后持效期 13～15 天。其药效略低于甲霜灵，与其他苯基酰胺类药剂有正交互耐药性，属于易产生耐药性的品种，与保护性杀菌剂混用有明显增效作用和延缓病原菌产生耐药性。制剂：多以混剂使用，64%噁霜·锰锌可湿性粉剂（噁霜灵＋代森锰锌）。

（3）苯霜灵。防治卵菌纲病害的内吸性杀菌剂，抑制细胞核RNA 聚合酶，具有保护、治疗和铲除作用。能被植物的根、茎和叶吸收，向顶传导到整个植株。通过能够抑制病原菌的孢子萌发和菌丝生长而发挥保护作用；通过抑制菌丝生长发挥治疗作用；通过抑制游动孢子产生发挥铲除作用。制剂：72%苯霜·锰锌可湿性粉剂（8%苯霜灵＋64%代森锰锌）。

（七）甲氧基丙烯酸酯类杀菌剂

1. 主要种类

嘧菌酯、嘧菌胺、氟嘧菌酯、醚菌酯、苯氧菌胺、肟嘧菌胺、啶氧菌酯、唑菌胺酯、肟菌酯、烯肟菌酯、烯肟菌胺。

2. 特点

近年来迅速崛起并快速成长的一类新颖杀菌剂，是一种仿生杀菌剂，作用机理独特，是抑制病原真菌线粒体呼吸，作用部位与以往所有杀菌剂均不同，因而，对于已对甾醇抑制剂（如三唑类）、苯基酰胺类、二羧酰胺类、苯并咪唑类产生抗性的菌株有效。此类新杀菌剂杀菌广谱，对几乎所有真菌类（子囊菌纲、担子菌纲、卵菌纲和半知菌类）病害都显示出很好的活性。此类杀菌剂具有保护和治疗作用，并有良好的渗透和内吸作用，可以茎叶喷雾、水面施药、处理种子等方式使用。

本类化合物除对病菌有抑制作用，对昆虫和杂草也有电子传递抑制作用，现已有杀虫剂和除草剂专利了。

3. 用法

甲氧基丙烯酸酯类杀菌剂除了能直接防治病害外，也能诱导许多作物的生理变化，尤其对禾谷类。在农业上，甲氧基丙烯酸酯类杀菌剂能提高产量，延缓植物衰老。这是其他类杀菌剂所不及的。不要和同类药剂交替使用。

4. 常用甲氧基丙烯酸酯类杀菌剂的药性

（1）嘧菌酯。有独特的作用机理，是病原真菌的线粒体呼吸抑制剂。制剂：25%悬浮剂，50%水分散粒剂，32.5%苯甲·嘧菌酯悬浮剂（苯醚甲环唑＋嘧菌酯），56%嘧菌·百菌清悬浮剂（百菌清＋嘧菌酯）。

（2）醚菌酯。与嘧菌酯基本相似，线粒体呼吸抑制剂，即通过在细胞色素 b 和 C1 间电子转移，抑制线粒体的呼吸，具有很好的抑制孢子萌发作用，具有保护、治疗、铲除作用，渗透、内吸活性强。制剂：50%水分散粒剂，30%悬浮剂，30%可湿性粉剂。

（3）吡唑醚菌酯。病原菌线粒体呼吸抑制剂剂，可阻止细胞色素 b 和 C1 电子传递，具有保护、治疗和内渗作用。制剂：25%乳油。混剂：60%唑醚·代森联水分散粒剂（吡唑醚菌酯＋代森联），18.7%烯酰·吡唑酯水分散粒剂（吡唑醚菌酯＋烯酰吗啉），吡唑醚菌酯＋烟酰胺。

（八）氨基甲酸酯类杀菌剂

1. 主要种类

霜霉威（普力克）和乙霉威（万霉灵）。

2. 特点

霜霉威为内吸性，主要用于霜霉病和晚疫病，同时对蔬菜苗期的猝倒和立枯病也有很好预防作用，主要是采用苗床消毒使用。乙霉威产品主要是对灰真菌、青真菌和绿真菌有很好作用，与多菌灵或腐霉利复配使用有增效作用。

3. 用法

若单剂使用易产生抗性，不应单剂长期多次使用。

4. 常用氨基甲酸酯类杀菌剂的药性

（1）霜霉威。为内吸性杀菌剂，能抑制卵菌类的孢子萌发、孢子囊形成、菌丝生长，对霜真菌、腐真菌、疫真菌引起的土传病害和叶部病害均有好的效果，其作用机理是抑制病菌细胞膜成分的磷脂和脂肪酸的生物合成。适用于土壤处理，也可以种子处理或叶面喷雾，在土壤中持效期可达 20 天。对作物还有刺激生长效应。制剂：72.2%、40%、36%、35% 水剂，50% 热雾剂。混剂：68.75% 氟菌·霜霉盐悬浮剂（氟吡菌酰胺＋霜霉威盐酸盐），50% 锰锌·霜霉可湿性粉剂（霜霉威盐酸盐＋代森锰锌）。

（2）乙霉威。但其防病性能与霜霉威不同，其特点是对于已对苯并咪唑类的多菌灵、二羧酰亚胺类等杀菌剂产生抗性的菌类有高的活性，也包括灰真菌、青真菌、绿真菌。若病菌仍然对多菌灵、腐霉利等敏感，则乙霉威的活性并不高。因而，开发乙霉威主要是作为克服病菌耐药性的轮换药剂或混合药剂。它与多菌灵、甲基硫菌灵、腐霉利等复配有增效作用，对抗性菌和敏感菌都有效。制剂：50% 乙霉·多菌灵可湿性粉剂（乙霉威＋多菌灵），60% 乙霉·多菌灵可湿性粉剂（乙霉威＋多菌灵），37.5% 乙霉·多菌灵可湿性粉剂（乙霉威＋多菌灵），28% 霉威·百菌清可湿性粉剂（乙霉威＋百菌清），30% 霉威·百菌清可湿性粉剂（乙霉威＋百菌清），20% 霉威·百菌清可湿性粉剂（乙霉威＋百菌清），65% 甲硫·乙霉威可湿性粉剂（乙霉威＋百菌清），50% 福·霉威可湿性粉剂（乙霉威＋福美双），26% 嘧胺·乙霉威水分散粒剂（乙霉威＋嘧霉胺），25% 咪鲜·霉威乳油（咪鲜胺＋乙霉威）等。

（九）咪唑类杀菌剂

1. 主要种类

咪鲜胺、咪鲜胺锰盐、抑霉唑、氟菌唑、氰霜唑。

2. 特点

通过抑制甾醇的生物合成，使病菌细胞壁受到干扰。

3. 常用咪唑类杀菌剂的药性

（1）咪鲜胺。广谱性杀菌剂，主要是通过抑制甾醇的生物合成，使病菌细胞壁受到干扰。咪鲜胺不具内吸作用，但具有一定的传导作用，有抑制性。制剂：45%、25% 乳油，45% 水乳剂，0.5% 悬浮种衣剂，0.05% 水剂。

（2）咪鲜胺锰盐。是由咪鲜胺与氯化锰复合而成，其防病性能与咪鲜胺极为相似，安全性高于咪鲜胺。制剂：50%、25% 可湿性粉剂。

（3）氟菌唑。新型咪唑类杀菌剂，为保护性杀菌剂，对卵菌纲病原菌如疫真菌、霜真菌、假霜真菌、腐真菌以及根肿菌纲的芸薹根肿菌具有很高的活性。作用机理独特，通过与病原菌细胞线粒体内膜的结合，阻碍膜内电子传递，干扰能量供应，从而起到杀灭病原菌的作用。由于它的这种作用机理不同于其他杀菌剂，因而，与其他内吸杀菌剂间无交互抗性。具有保护作用，持效期长，叶面喷雾耐雨水冲刷，具有中等的内渗性和治疗作用。防治黄瓜霜霉病、番茄晚疫病，亩用 10% 悬浮剂 53 ~ 67mL，对水 75L，即稀释 1 100 ~ 1 500 倍液，于发病前或发病初期喷雾，隔 7 ~ 10 天喷 1 次，一般共喷 3 次。防病效果好，对作物安全无药害。制剂：10% 悬浮剂。

（十）二甲酰亚胺类杀菌剂

1. 主要种类

腐霉利（速克灵）、菌核净（纹枯利）、异菌脲（扑海因）、乙烯菌核利（农利灵）。

2. 特点

此类产品对灰霉病和菌核病有很好的防治效果。其中，菌核净也主要用于水稻防治纹枯病。

3. 常用二甲酰亚胺类杀菌剂的药性

（1）腐霉利。内吸杀菌剂，具有保护和治疗作用，对孢子萌发抑制力强于对菌丝生长的抑制，表现为使孢子的芽管和菌丝膨大，甚至胀破，原生质流出，使菌丝畸形，从而阻止早期病斑形成和病斑扩大。对在低温、高湿条件下发生的多种作物的灰霉病、菌核病有特效，对由葡萄孢属、核盘菌属所引起的病害均有显著效果，还可防治对甲基硫菌灵、多菌灵产生抗性的病原菌。制剂：50%可湿性粉剂，20%悬浮剂，15%、10%烟剂。混剂：10%百·腐烟剂（百菌清+腐霉利），10%百·腐烟剂（百菌清+腐霉利），15%百·腐烟剂（百菌清+腐霉利），20%百·腐烟剂（百菌清+腐霉利），10%腐·霉威可湿性粉剂（腐霉利+乙霉威），16%腐·己唑悬浮剂（腐霉利+己唑醇），25%福·腐可湿粉剂（腐霉利+福美双），25%福·腐可湿粉剂（腐霉利+福美双），30%百·腐悬浮剂（百菌清+腐霉利），50%腐霉·多菌灵可湿性粉剂（腐霉利+多菌灵）等。

（2）乙烯菌核利。对病害作用是干扰细胞核功能，并对细胞膜和细胞壁有影响，改变膜的渗透性，使细胞破裂。是接触性杀菌剂，能阻碍孢子形成、抑制孢子发芽和菌丝的发育，具有优良的预防效果，也有治疗效果。茎叶施药可输导到新叶，对果树蔬菜类作物的灰霉病、褐斑病、菌核病有良好的防治效果。制剂：50%水分散粒剂，50%可湿性粉剂。

（3）菌核净。具有保护和内渗治疗作用，持效期长。对于油菜菌核病、烟草赤腥病防效较好，对水稻纹枯病、麦类赤霉病、白粉病具有良好防效，并可用于工业防腐。制剂：10%烟剂，40%、20%可湿性粉剂。混剂：10%百·菌核烟剂（百菌清+菌核净），11%百·菌核烟剂（百菌清+菌核净），25%甲硫·菌核烟剂（菌核净+甲基硫菌灵），20%百·菌核可湿性粉剂（百菌清+菌核净），30%菌核·福美双可湿性粉剂（菌核净+福美双），48%菌核·福美双可湿性粉剂（菌核净+福美双），40%王铜·菌核可湿性粉剂（菌核净+王铜），45%琥铜·菌核可湿性粉剂（菌核净+琥胶肥酸铜），65%锰锌·菌核可湿性粉剂（菌核净+代森锰锌）。

（4）异菌脲。是保护性杀菌剂，也有一定的治疗作用。杀菌谱广，对葡萄孢属、链孢霉属、核盘菌属、小菌核属等引起的病害有较好防治效果，对链格孢属、蠕孢霉属、丝核菌属、镰刀菌属、伏草菌属等引起的病害也有一定防治效果。它对病原菌生活史的各发育阶段均有影响，可抑制孢子的产生和萌发，也抑制菌丝的生长，最近的研究结果表明，还能抑制蛋白激酶，适用作物广。

制剂：50%、25.5%悬浮剂，50%可湿性粉剂；混剂：15%百·异菌烟剂（6%异菌脲＋9%百菌清），16%咪鲜胺·异菌脲悬浮剂（8%咪鲜胺＋8%异菌脲），20%异菌·多菌灵悬浮剂（5%异菌脲＋15%多菌灵），52.5%异菌·多菌灵可湿性粉剂（35%异菌脲＋17.5%多菌灵），50%异菌·福美可湿性粉剂（10%异菌脲＋40%福美双），75%异菌·多·锰锌可湿性粉剂（15%异菌脲＋20%多菌灵＋40%代森锰锌），60%甲基硫菌灵·异菌脲可湿性粉剂（20%异菌脲＋40%甲基硫菌灵），30%环锌·异菌脲可湿性粉剂（21%环己基甲酸锌＋9%异菌脲），16%咪鲜·异菌脲悬浮剂（8%咪鲜胺＋8%异菌脲）等。

（十一）吗啉类杀菌剂

1. 主要种类

烯酰吗啉、苯锈啶、丁苯吗啉、螺环菌胺、十三吗啉、十二环吗啉、氟吗啉。

2. 特点

甾醇合成抑制剂类杀菌剂。

3. 常用甲氧基丙烯酸酯类杀菌剂的药性

（1）十三吗啉。具有保护和治疗作用的广谱性内吸杀菌剂，能，对担子菌、子囊菌和半知菌引起的多种植物病害有效。制剂：75%乳油，86%油剂。

（2）烯酰吗啉。专一杀卵菌的杀菌剂，内吸作用强，叶面喷雾可渗入叶片内部，具有保护、治疗和抗孢子产生的活性。而是继甲霜灵之后防治霜霉属、疫霉属等卵菌类病害的优良杀菌剂，可有效地防治马铃薯、番茄的晚疫病，黄瓜、葫芦、葡萄的霜霉病等。烯酰吗啉与甲霜灵、噁霜灵等苯基酰胺类杀菌剂无交互抗性，很适合于苯基酰胺类杀菌剂抗性病原个体占优势的田间进行耐药性治理，即在对甲霜灵、噁霜灵等产生抗性的病区，可以使用烯酰吗啉来取代。制剂：50%、30%、25%可湿性粉剂，80%、50%、40%水分散粒剂，20%悬浮剂，10%水乳剂。

（3）氟吗啉。具有优异的保护活性、治疗活性和抑制孢子萌发活性，抗性风险低、持效期长、用药次数少、农药成本低、无药害、对植物安全。主要用于防治卵菌纲病原引起的霜霉病、晚疫病、霜疫病等病害。制剂：原药有 10% EC 和 20% WP；混剂有 50% WP 和 60% WP。

（十二）抗生素类杀菌剂

1. 主要种类

多效霉素、春雷霉素、链霉素、梧宁霉素、多氧霉素、有效霉素、井冈霉素、中生菌素。

2. 特点

由细菌、真菌、放线菌等微生物在发酵过程中所产生的具有杀灭或抑制某些为害农作物的有害生物的次级代谢产物，将其加工成农业上可直接使用的形态，这就是农用抗生素。根据其用途分为抗生素类杀虫（杀螨）剂、抗生素类杀菌剂、抗生素类除草剂、抗生素类植物生长调节剂。

3. 用法

抗生素类农药虽然具有高效、低毒等优点，但长时间、大面积应用同一种农用抗生素防治同一种病害存在一定的弊端，出于对人类、动植物和环境安全的考虑，欧盟 2003 年开始禁止井冈霉素在欧盟境内销售。因此，建议不要在一个地区长时间使用同一类抗生素。

4. 常用抗生素类杀菌剂的药性

（1）井冈霉素。内吸性很强的抗生素，被植物吸收后，抵触菌体，很快被菌丝细胞吸收并在菌丝内传导。干扰和抑制菌体细胞的正常行长反应，使病菌失去侵害能力而起防治作用。制剂：10%、5%、

4%、3%水剂，20%、10%、5%可溶性粉剂。

（2）武夷菌素。含孢苷骨架的核苷类抗生素，其产生菌为不吸水链霉菌武夷变种，本品为广谱性生物杀菌剂，低毒、安全。对多种植物病原真菌具有较强的抑制作用，能抑制菌丝蛋白质的合成，使细胞膜破裂，原生质渗漏；对黄瓜、花卉白粉病有明显的防治效果。对番茄灰霉病、叶霉病、小麦白粉病也有效。

（3）多抗霉素。该类抗生素含有 A 至 N 14 种同系物的混合物，是广谱性、具有内吸传导作用的抗生素类杀菌剂。对链格孢菌、葡萄孢菌、灰霉菌等真菌病害有较好防治效果。当药剂喷到病菌体上后，病原菌细胞壁壳多糖的生物合成受到干扰，使以壳多糖为基质构成细胞壁的真菌，芽管和菌丝体局部膨大、破裂，细胞内容物溢出，导致病原菌细胞不能正常生长发育而死亡。同时，该药剂还具有抑制病菌产生孢子及病斑扩大等作用，是环保型绿色农药。制剂：0%、3%、2%、1.5%多抗霉素可湿性粉，0.3%多抗霉素水剂。

（4）嘧啶核苷类抗生素（农抗 120）。嘧啶核苷类抗生素为吸水刺孢链霉菌北京变种，习惯称之为"农抗 120"。它可直接阻碍病原菌蛋白质合成，导致病原菌死亡。本剂为广谱性抗真菌的农用抗生素，兼具预防和治疗作用。通过阻碍病原菌蛋白质的合成，导致病原菌死亡。在北方落叶果树上，该剂既可防治轮纹烂果病、炭疽病，也可防治斑点落叶病、白粉病等。是可在苹果、梨、桃树、葡萄、大樱桃等果树上广泛使用的比较安全的生物杀菌剂。制剂：2%、4%嘧啶核苷类抗生素水剂。

（5）中生菌素。中生菌素为浅灰色链霉菌海南变种产生的抗生素，具有广谱、高效、低毒、无污染等特点。其可抑制病原菌蛋白质的合成，使丝状真菌畸形，抑制孢子萌发，并杀死孢子。中生菌素对农作物的细菌病害及部分真菌病害，具有较好的防治效果。但该品对大豆、茄子、葡萄等作物有药害。制剂：1%中生菌素水剂，3%中生菌素可湿性粉剂。

（6）链霉素。链霉素是从灰色链霉菌中分离出来的抗生素。原药为白色粉末，易溶解于水。具弱酸性，低温下较稳定，高温及碱性条件下易分解失效。有引湿性，应密封保存于干燥处。链霉素是通过与病菌细胞 30S 核糖体亚单位结合，引起遗传密码错读，从而抑制细菌蛋白体的生物合成。主要是防治作物的细菌性病害。对大白菜的软腐病、番茄疫病、黄瓜角斑病等防效显著。制剂：24%、72% 农用链霉素可溶性粉剂，15% 农用链霉素可湿性粉剂。

（7）春雷霉素。干扰氨基酸代谢的酯酶系统，从而影响蛋白质的合成，抑制菌丝伸长和造成细胞颗粒化，但对孢子萌发无影响对果树、蔬菜的真菌病害如番茄叶霉病、炭疽病、白粉病、早疫病、黄瓜霜霉病以及细菌引起的角斑病、软腐病、柑橘溃疡病等。制剂：2% 水剂，2%、4%、6% 可湿性粉剂。

（十三）嘧啶类杀菌剂

1. 主要种类

甲基嘧菌胺、嘧菌胺、环丙嘧菌胺和氟嘧菌胺。

2. 特点

通过对病原体抑制蛋白质的分泌，降低某些水解酶的含量，然后渗透到寄主组织中并使之坏死。

3. 用法

嘧啶胺类化合物是 20 世纪 90 年代初开发的一类重要杀菌剂，对灰葡萄孢菌所致的各种病害有特效。

4. 常用嘧啶类杀菌剂的药性

（1）氯苯嘧啶醇。氯苯嘧啶醇的内吸性强，具有保护和治疗作用，杀菌原理与三唑酮等三唑类杀菌剂相同，是干扰病原菌甾醇和麦角甾醇的形成。制剂：6% 可湿性粉剂。

（2）甲基嘧菌胺。具有保护、叶片穿透及根部内吸活性，对葡萄、草莓、番茄、洋葱、菜豆、豌豆、黄瓜、茄子及观赏作物的灰霉病以及苹果黑星病有优异的防效。制剂：40% 甲基嘧菌胺悬浮剂。

（3）嘧霉胺。其作用机理独特，通过抑制病菌浸染酶的产生从而阻止病菌的侵染并杀死病菌。嘧霉胺的最大优点是与现在防治灰霉病的主要杀菌剂无交互抗药问题,包括苯并咪唑、二甲酰亚胺、乙霉威等。有可能利用它,解决已产生抗药的诸多药剂的取代。同时,具有内吸传导和熏蒸作用,施药后迅速达到植株的花、幼果等喷雾无法达到的部位杀死病菌,药效更快、更稳定。对温度不敏感,在相对较低的温度下施用不影响药效。用于防治黄瓜、番茄、葡萄、草莓、豌豆、韭菜、等作物灰霉病以及果树黑星病、斑点落叶病等。制剂:12.5%乳油、20%可湿性粉剂。

（十四）抗性诱导剂

1. 主要种类

香菇蛋白多糖、氨基寡聚糖

2. 特点

某些植物在受到病毒侵染和抗病毒剂激发后能在植物体内产生一些抗病毒物质,钝化病毒分子,阻止病毒侵入,抑制病毒增殖,提高植物免疫力,达到消灭或减少病毒浸染的目的。这种方法对一些较难控制的病害效果明显。目前,较为成功的是利用弱毒病毒诱导植物产生抗病毒能力,减轻病毒病的为害。

3. 常用抗性诱导剂的药性

（1）香菇蛋白多糖。生物高效抗病毒防治剂。借助生物技术把蛋白多糖和生物活性剂从废弃物（如蘑菇底料）中提取的一种生物制剂,阻碍病毒核苷生成和病毒脱壳,具有抑制病毒感染、增强植株抗性。制剂:1%香菇多糖水剂。

（2）氨基寡聚糖。可激活植物自身的防卫反应即"系统活化抗性",从而使植物对多种真菌、细菌和病毒产生自我保护作用。作为植物细胞活化分子,有调节植物生长发育的功能,提高种子发芽率、壮苗,增强植物对养分的吸收及抗逆作用。可以开发为生物农药、生长调节剂和肥料等。制剂:2%氨基寡聚糖素水剂。

（十五）其他类常用杀菌剂

1. 乙膦铝

内吸性杀菌剂,在植物体内能上下传导,具有保护和治疗作用。

乙膦铝对卵、菌都有防治作用，适用于多种真菌引起的病害，对霜霉病防效尤佳。可喷洒、拌种、灌根、浸渍等。防治对象：防治各种蔬菜霜霉病，防治番茄晚疫病，轮纹病，黄瓜疫病，茄子绵疫病；制剂：40%、80%可湿粉剂，30%胶悬剂，90%可溶性粉剂。

2. 噁霉灵

具有内吸性和传导性，能直接被植物根部吸收，进入植物体内，移动极为迅速，在根系内移动仅3小时便移动到茎部，24小时内移动至植物全身，其在植物体内的代谢产物为两种葡萄糖苷，对植物有促进生长的作用。在土壤中能提高药效，大多数杀菌剂，用作土壤消毒，容易被土壤吸附，有降低药效的趋势，而恶霉灵两周内仍有杀菌活性，在土壤中能与无机金属盐的铁，铝离子结合，提高抑制病菌孢子的萌发能力，被土壤吸附的能力极强，在垂直和水平方向的移动性很小，这对提高药效有重要作用。制剂：8%、15%、30%水剂，15%、70%、95%、96%、99%可湿性粉剂，20%乳油，70%种子处理干粉剂。

3. 霜脲氰

杀菌谱与甲霜灵相同，对霜霉菌、疫霉菌有特效，具有接触和局部内吸作用，可抑制孢子萌发，对葡萄霜霉病、疫病等有效，与甲霜灵、噁霜灵等之间无交互抗性；与保护性杀菌剂混用以延长持效期。霜脲氰单剂对病害的防治效果不突出，持效期也短，但与保护性杀菌剂混用，增效明显，因此，市场上无单剂出售，仅有混剂，如霜脲锰锌混剂广泛应用。制剂：80%霜脲氰水分散粒剂、85%可湿性粉剂。

4. 叶枯唑

针对细菌，内吸性好，主要喷雾不适合灌根。通过噻二唑干扰病原菌的氨基酸代谢的酯酶系统，破坏蛋白质的生物合成，抑制菌丝的生长和造成细胞颗粒化，使病原菌失去繁殖和侵染能力，从而达到杀死病原菌和防治病害的目的。具有治疗和预防双重作用，药效稳定，对农作物的花期和幼果期无药害，对人畜天敌安全，对环境无污染。耐雨水冲刷，喷药3小时后遇雨水对药效无影响。可以和大多数农药混配使用，使用安全方便，节省人力和物力。制剂：97%叶枯唑原药；20%叶枯唑 WP。

5. 高锰酸钾

氧化消毒剂，广谱，真菌细菌病毒，种子消毒 0.1%，喷雾 0.1%，灌根 0.1%，单独使用。

6. 甲醛

土壤消毒，0.1%甲醛，25kg，盖膜 7 天，通风 20 天，种子消毒，马上播种，播种之后不能干。杀虫，除草。

三、杀虫剂

（一）杀虫剂发展历程

人类与害虫的斗争已有 3 000 余年，从古代的牡鞠、唇炭灰到 17 世纪烟草、松脂、除虫菊；从砷酸盐为主体的无机杀虫剂到有机合成杀虫剂；从有机氯、有机磷、氨基甲酸酯、拟除虫菊酯等传统杀虫剂到仿烟碱、酰肼类、苯甲酰脲类、阿维菌素类，杀虫剂品种及市场经历了优胜劣汰的过程。从 20 世纪 40 年代，有机合成杀虫剂占据市场以来，杀虫剂品种也发生了很大变化。在农药市场中统领了几十年的有机氯、有机磷与氨基甲酸酯杀虫剂三大类农药，也逐渐被取代、萎缩，而新的农药类别不断诞生。

杀虫剂发展应用的变化如下。

（1）20 世纪 70 年代前。有机氯杀虫剂。

（2）20 世纪 70—80 年代。有机磷类、氨基甲酸酯类、沙蚕毒类。已有部分有机磷类及氨基甲酸酯类被限用或禁用。

（3）20 世纪 80—90 年代。有机磷类、氨基甲酸酯类、拟除虫菊酯类、沙蚕毒类、烟碱类、苯甲酰脲类、酰肼类、嘧啶胺类、阿维菌素类、其他杂环类、Bt。

（二）杀虫剂开发的发展方向

1. 杀虫剂发展至今大体上有 3 个主要特征

（1）继续向高效、安全、经济、使用方便的方向发展。

（2）杀虫剂原药向高纯度发展。工业生产的杀虫剂原药大都含有数量不等的杂质，把纯度不高的原药加工成制剂使用，其中，所含有的杂质没有杀虫作用，只会给环境带来不良影响，个别的还有增加对人畜的毒害作用。目前，世界上许多原药的纯度都在 90% 以上，有的达 98%。

（3）继续由杀生性向非杀生性发展。传统的杀虫剂是杀生性的，使用杀虫剂是以杀死害虫个体为目的的，自 20 世纪 60 年代以来，探索新杀虫剂的着眼点不单纯是"杀"而是"控制"，目的是通过药剂影响害虫的行为或生长发育，使之难以繁殖，而达到控制害虫的数量。如除虫脲、氟铃脲、氟虫脲、伏虫隆、噻嗪酮等几丁质合成抑制剂类杀虫剂的商品化和广泛应用。

2. 杀虫剂的研究方向

将来的杀虫剂高效、低毒与环境相容性好仍是方向。为此，专一性、特殊性将十分重要。为了开发理想的现代杀虫剂并提高开发效率，将来的研究方向如下。

（1）针对害虫特有靶标，开发具有专一性的药物，例如，针对几丁质酶的杀虫剂。

（2）利用害虫的特殊功能，开发新的杀虫剂，例如：集合信息素等。

（3）生物源物质仍将是寻找新杀虫剂先导物的源泉。动物 100 万种，植物 50 万种，微生物 1 000 万种。

（4）化学与生物相结合仍将是开发新药剂的有效手段。如阿维菌素的结构改造，如依维菌素、埃玛菌素、埃珀利诺菌素、道拉菌素。对多杀菌素也在进行改造。

（5）利用基因组技术进行模拟设计来创制新杀虫剂，引人注目。

（6）剖析害虫靶标的基因组结构，进行新杀虫剂的模拟设计，来寻找和合成新药剂。

（三）目前主打杀虫剂的特点

1. 拟除虫菊酯类杀虫剂

特点：高效、低毒、易降解；除驱避、触杀作用外，击倒作用强；易产生抗药性；多数无内吸作用；异构体对其活性影响大；分子结构中加入氟原子，提高杀螨活性。常见品种如下。

（1）氯菊酯。广谱、低毒，具触杀和胃毒作用。

（2）溴氰菊酯。中等毒性，杀虫谱广。用于鳞翅目害虫、叶蝉、叶甲等。

（3）氰戊菊酯。中等毒性，杀虫谱广，对天敌无选择性。适于防治暴露性生活的许多园艺害虫。

（4）氯氰菊酯。高效、速效、中毒、低残留广谱杀虫剂，可防治鳞翅目害虫、蚜虫及蚧壳虫等。

（5）氯氟氰菊酯。引入氟原子，对螨类防效好。

（6）甲氰菊酯。对螨、粉虱效果好。

2. 氯化烟酰类杀虫剂

特点：具内吸作用；作用靶标烟碱型乙酰胆碱受体；对刺吸式害虫效果好；与其他杀虫剂间无交互抗性。常见品种如下。

（1）吡虫啉。对同翅目昆虫（吸汁液的害虫）效果明显，对鞘翅目、双翅目和鳞翅目也有效，但对线虫和红蜘蛛无效。

（2）啶虫脒。防治同翅目害虫，如蚜虫、叶蝉、粉虱和蚧等，鳞翅目害虫如菜蛾、潜蝇、小食心虫等，鞘翅目害虫如天牛等，蓟马目如蓟马等。既可用于茎叶处理，也可以进行土壤处理。剂型：3%、5%、10%微乳剂，3%、5%、10%、15%、20%、60%、70%可湿性粉剂，36%、40%、50%、70%水分散粒剂，3%、5%、10%、25%乳油，20%可溶性液剂。

（3）噻虫嗪。具有触杀、胃毒、内吸活性，对鞘翅目、双翅目、鳞翅目，尤其是同翅目害虫有高活性，可有效防治各种蚜虫、叶蝉、飞虱类、粉虱、金龟子幼虫、马铃薯甲虫、跳甲、线虫、地面甲虫、潜叶蛾等害虫及对多种类型化学农药产生抗性的害虫。既可用于茎叶处理、种子处理，也可以进行土壤处理。

（4）烯啶虫胺。作用于昆虫神经，具有卓越的内吸和渗透作用，低毒、高效、残效期长等特点。对各种蚜虫、粉虱、水稻叶蝉和蓟马有优异防效。

（5）噻虫啉。具有用量少、速效好、活性高、持效期长等特点。对刺吸口器害虫有优异的防效，对各种甲虫（如马铃薯甲虫、苹花象甲、稻象甲）和鳞翅目害虫如苹果树上的潜叶蛾和苹果蠹蛾也有效。既可用于茎叶处理，也可以进行种子处理。

3. 苯甲酰脲类杀虫剂

特点：是一类能抑制靶标害虫的几丁质合成而导致其死亡或不育的昆虫生长调节剂（IGRs），被誉为第三代杀虫剂或新型昆虫控制剂。

（1）氟铃脲。具有很高的杀虫和杀卵活性而且速效，尤其是防治棉铃虫。在害虫发生初期（如成虫始现期和产卵期）施药最佳，在草坪及空气湿润的条件下施药可提高盖虫散的杀卵效果。制剂有5%氟铃脲乳油。在鳞翅目幼虫2~3龄盛发期，用5%氟铃脲乳油以$0.5 \sim 1 \text{kg/hm}^2$（$2\,000 \sim 3\,000$倍）喷雾，可防治棉花和果树上的鞘翅目、双翅目和鳞翅目害虫。

（2）除虫脲。对鳞翅目害虫有特效，对刺吸式口器昆虫无效。制剂有20%除虫脲悬浮剂。用$1\,000 \sim 2\,000$倍液喷雾可防治黏虫、玉米螟、玉米铁甲虫、棉铃虫、稻纵卷叶螟、二化螟、柑橘木虱等害虫以及菜青虫、小菜蛾、甜菜夜蛾、斜纹夜蛾等蔬菜害虫。

（3）氟虫脲。对植食性螨类（刺瘿螨、短须螨、全爪螨、锈螨、红叶螨等）和其他许多害虫均有特效，对捕食性螨和天敌昆虫安全。制剂有5%卡死克可分散性液剂。

（4）氟啶脲。以胃毒作用为主，兼有触杀作用。对多种鳞翅目害虫及直翅目、鞘翅目、膜翅目、双翅目害虫有很高活性，对鳞翅目害虫，如甜菜夜蛾、斜纹夜蛾有特效，对刺吸式口器害虫无效，残效期一般可持续2~3周，对使用有机磷、氨基甲酸酯、拟除虫菊酯等其他杀虫剂已产生抗性的害虫有良好的防治效果。制剂有 5% 抑太保乳油。

4. 苯基吡唑类杀虫剂

特点：广谱性杀虫杀螨剂，触杀、胃毒、内吸，杀虫谱广，主要是阻碍昆虫 γ–氨基丁酸控制的氯化物代谢，对鳞翅目、蝇类和鞘翅目等一系列重要害虫有很高的杀虫活性，与现有杀虫剂无交互抗性。

（1）氟虫腈。通过触杀和胃毒发挥作用，用于土壤施药和种子处理时也有一定的内吸传导作用。对半翅目、鳞翅目、缨翅目和鞘翅目等害虫以及对菊酯类、氨基甲酸酯类杀虫剂产生抗性的害虫，都具有极高的敏感性。

（2）虫螨腈。低毒，作用于昆虫体内细胞的线粒体上，通过昆虫体内的多功能氧化酶起作用，主要抑制二磷酸腺苷（ADP）向三磷腺苷（ATP）的转化。而三磷腺苷储存细胞维持其生命机能所必需的能量。该药具有胃毒及触杀作用。在叶面渗透性强，有一定的内吸作用，且具有杀虫谱广、防效高、持效长、安全的特点。可以控制抗性害虫。可防治小菜蛾、菜青虫、甜菜夜蛾、斜纹夜蛾、菜螟、菜蚜、斑潜蝇、蓟马等多种蔬菜害虫。剂型：10% 悬浮剂、5% 微乳剂。

5. 植物源及微生物源杀虫剂

由于抗性、环境等因素，生物源农药越来越受到人们青睐。

（1）活体微生物。苏云金杆菌（BT）、核多角体病毒、颗粒体病毒、芽孢杆菌、双素杆菌、轮枝孢、白僵菌、绿僵菌。

（2）农用抗生素。阿维菌素、多杀菌素、弥拜菌素、虫螨霉素、敌贝特、菌虫霉素。

（3）植物源杀虫剂。从植物体组织中提取出的有杀虫活性的天然有机物质，经过加工制成的杀虫剂。主要有苦参碱、烟碱、鱼藤酮、茶皂素、楝素等。

6. 抗生素类杀虫剂

阿维菌素系列化合物实际上包括 3 类：阿巴菌素、伊维菌素和埃玛菌素。

（1）阿维菌素。阿巴菌素就是我们现在所说的阿维菌素，阿维菌素对螨类和昆虫具有胃毒和触杀作用，不能杀卵。作用机制与一般杀虫剂不同的是干扰神经生理活动，刺激释放 γ - 氨基丁酸，而氨基丁酸对节肢动物的神经传导有抑制作用。螨类成虫、若虫和昆虫幼虫与阿维菌素接触后即出现麻痹症状，不活动、不取食，2 ~ 4 天后死亡。因不引起昆虫迅速脱水，所以，阿维菌素致死作用较缓慢。阿维菌素对捕食性昆虫和寄生天敌虽有直接触杀作用，但因植物表面残留少，因此，对益虫的损伤很小。阿维菌素在土内被土壤吸附不会移动，并且被微生物分解，因而，在环境中无累积作用，可以作为综合防治的一个组成部分。主要剂型：0.5%、0.6%、1.0%、1.8%、2%、3.2%、5% 乳油，0.15%、0.2% 高渗，1%、1.8% 可湿性粉剂，0.5% 高渗微乳油、2% 水分散粒剂、10% 水分散粒剂等。

（2）甲维盐。埃玛菌素的苯甲酸盐就是甲氨基阿维菌素苯甲酸盐，简称甲维盐。甲维盐的活性比阿维菌素高很多，胃毒毒性是阿维菌素的 2 146 倍，而且对鳞翅目害虫表现出极高的活性阿维菌素对斜纹夜蛾等鳞翅目害虫效果就不好，但甲维盐对斜纹夜蛾是特效的。主要剂型：目前，在国内登记的有 0.2%、0.5%、0.8%、1%、1.5%、2%、2.2%、3%、5%、5.7% 等多种含量，还有 3.2% 甲维氯氰复制制剂。

（3）伊维菌素。伊维菌素的毒性更低，主要用在动物上（而且其结构更稳定，也是全球销量最大的阿维菌素系列）。

7. 熏蒸剂及其他熏蒸剂

指在常温常压下容易成为蒸气并由蒸气毒杀害虫和害菌的化学药剂。属高毒、易燃物品，主要用于仓储害虫防治，在苗木、种子除害处理时可用，温室熏蒸可适当使用，使用这类药剂要特别注意安全。目前，国内外熏蒸剂的品种和数量严重不足，新的熏蒸剂品种极少面市，而且老品种因易燃易爆、剧毒、致癌、腐蚀性强、抗药性等原因还在不断被淘汰中。在大部分公司挤占热点品种市场的同时，熏蒸剂这一小的农药类别有一定发展空间，值得企业关注。

主要品种：二氯丙烯、氯化苦、溴甲烷、威百亩、棉隆、硫酰氟、异硫氰酸甲酯、溴硝醇、二氯异丙醚、氯代苯并异噻唑。

8. 特异性杀虫剂

这类药剂不直接杀死害虫，而是引起昆虫生理上的某种特异性反应，使昆虫发育、繁殖、行动等受到阻碍和抑制，从而达到控制害虫的目的。作用方式有引诱、忌避与拒食、不育、调节生长发育等多种。

（1）拒食剂。药剂被害虫取食后，影响其正常食欲，由于拒绝取食而致饿死。例如，拒食胺、阿克泰。

（2）诱致剂。引诱害虫前来再集中消灭的药剂。性诱致剂、食物诱致剂、产卵诱致剂等。

（3）不育剂。药剂进人虫体，破坏害虫的正常的生殖功能，使其不能正常繁殖后代，达到防治目的。如美除。

（4）昆虫生长调节剂。包括保幼激素、脱皮激素、抗保幼激素、抗几丁质合成剂等。如抑食肼：对鳞翅目、同翅目、双翅目有效，湿度高，效果好；虫酰肼（米满），对鳞翅目特效。

灭蝇胺作用机理是使双翅目昆虫幼虫和蛹在形态上发生畸变，成虫羽化不全或受抑制。该药具有触杀和胃毒作用，并有强内吸传导性，持效期较长，但作用速度较慢。灭蝇胺对人、畜无毒副作用，对环境安全。灭蝇胺有与阿维菌素、毒死蜱、杀虫单混配生产的复配杀虫剂。主要剂型：10%悬浮剂、20%可溶性粉剂、50%可湿性粉剂、50%可溶性粉剂、70%可湿性粉剂、70%水分散粒剂、75%可湿性粉剂。

（5）驱避剂。药剂本身不具杀虫作用，仅能使害虫忌避，可减少害虫为害，在卫生防疫上用途较大，例如，避蚊油。

（6）几丁质合成抑制剂。灭幼脲（对鳞翅目幼虫特效）、除虫脲（对刺吸式害虫无效）、农梦特、氟虫脲、定虫隆。

9. 杀螨剂

（1）有机氯类。如三氯杀螨醇，杀螨活性高，对成、若螨及螨卵皆有效，但柑橘红蜘蛛已出现抗性，而且含有 DDT 成分，在一些地方已被禁用。

（2）有机硫类。即克螨特，国产通用名为炔螨特，杀成螨和若螨，对卵无效，20℃以下不宜使用。

（3）有机氮类。即单甲脒和双甲脒。

（4）有机锡类。即三唑锡、托尔克（国产通用名为苯丁锡）和三磷锡。

（5）线粒体电子传递抑制剂类。包括哒螨酮、唑螨脂（霸螨灵）、嘧螨醚，喹螨醚（螨即死）、吡螨胺，20 世纪 90 年代中后期还陆续开发了乙螨唑、氟螨嗪等。

（6）季酮酸类。螺螨脂（螨危）。

（7）杀卵药剂。螨死净和尼索朗，相互间有文互抗性，多数区域柑橘红蜘蛛对这两个药剂有高抗。

（8）植物源、矿物源品种。主要是机油乳剂、石硫合剂和松脂合剂，这类药一般安全性差，多被用于冬春季清园。

（9）生物或仿生制剂类。主要有浏阳霉素和阿维菌素等。

四、除草剂

（一）分类

按作用方式分为选择性除草剂（可杀死某些植物而对另一些植物安全，如 2，4-D、西玛津等）和灭生性除草剂（可杀死所有草苗，如草甘膦、百草枯等）；按使用方法分为土壤处理剂（通过杂草的根、芽鞘或下胚轴吸收而产生毒效，如乙草胺、西玛津等）和茎叶处理剂（以茎叶处理法使用的除草剂，如草甘膦、2，4-D 等）。

（二）主要除草剂

1. 酰胺类

在化学结构中含有酰胺基团（CONH—）的除草剂。如敌稗、丁草胺、甲草胺、大惠利、都尔、杀草胺等。

2. 二硝基苯胺类

在化学结构中苯胺上含有两个硝基（—NO_2）的除草剂，如氟乐灵、地乐胺、锄草通等。

3. 氨基甲酸酯类

在化学结构中含有氨基甲酸基团（—$OCONH_2$）的除草剂，如杀草丹、禾大壮、磺草灵、优克稗等。

4. 脲类

在化学结构中含脲基（H_2NCONH—）的除草剂，如敌草隆、绿麦隆、莎扑隆、利谷隆等。

5. 酚类

在化学结构中含有苯酚的除草剂，如五氯酚钠、二硝酚等。

6. 二苯醚类

在化学结构中含二苯醚的除草剂，如除草醚、草枯醚、果尔、虎威、杂草焚等。

7. 三氮苯类

在化学结构中含三氮苯环的除草剂，如扑草净、西草净、西玛津、威尔柏等。

8. 苯氧羧酸类

在化学结构中含有苯氧基的除草剂，如 2 甲 4 氯、盖草能、禾草克、稳杀得、禾草灵等。

9. 有机磷类

在化学结构中含磷（P）的有机除草剂，如草甘膦、草特磷等。

10. 杂环类

在化学结构中含有各种杂环的除草剂，如灭草松、恶草灵、百草枯等。

11. 硫酰脲类

在化学结构中含硫酰脲的除草剂。如农得时（苄嘧磺隆）、阔草散、草克星、绿磺隆、甲磺隆等。

12. 咪唑啉酮类

在化学结构中含有咪唑啉酮环的除草剂，如咪草烟（普杀特）。

五、植物生长调节剂

（一）植物生长调节剂的概念及其种类

植物生长调节剂是指通过化学合成和微生物发酵等方式研究并生产出的一些与天然植物激素有类似生理和生物学效应的化学物质。

目前，公认的植物激素有生长素、赤霉素、乙烯、细胞分裂素和脱落酸五大类。油菜素内酯、多胺、水杨酸和茉莉酸等也具有激素性质，故有人将其划分为九大类。而植物生长调节剂的种类仅在园艺作物上应用的就达 40 种以上，可以说从种子发芽、生根、长叶到开花结果，再形成种子以及采后的果蔬保鲜、种子储藏都可以使用生长调节剂进行调控。

（二）植物生长调节剂在园艺作物上的应用

1. 打破种子休眠，促进萌发

赤霉素可打破柑橘、桃、葡萄、甜橙、榛、番木瓜等种子休眠。乙烯处理可打破草莓和苹果种子的休眠。将柑橘种子放入 1 000mg/L 赤霉素水溶液中浸泡 24 小时，可提高发芽率；黄瓜种了用 BR 处理可提高发芽率；马铃薯薯块用 0.5 ~ 1mg 的赤霉素液浸泡 10 ~ 15 分钟，捞出阴干，在湿沙中催芽或用 10 ~ 20mg/L 的赤霉素药液喷施块茎均能促进薯块发芽。莴笋种子用 100mg/L 的赤霉素液浸种 2 ~ 4 小时可提高发芽率。

2. 促进生根

葡萄插条用 50mg/L 的 IBA 浸基部 8 小时，或用 50 ~ 100ml/L 的 NAA 浸基部 8 ~ 12 小时，或用 50 ~ 100mg/L 的 ABT 生根粉 1 号浸基部 2 ~ 3 小时可促进插条生根；α - NAA 可促进番茄、茄子、辣椒、黄瓜等枝条生根，用 50mg/L 的 α - NAA 液浸番茄插条基部 10 分钟；或用 2 000mg/L 的 α - NAA 液速蘸茄子、辣椒、黄瓜插条基部可促进生根。

3. 提高坐果率，防止落果

在苹果、梨、山楂的盛花期开始喷 25~50mg/L 的 GA，或在桃新梢生长 10~30cm 时喷 1 000mg/L 的多效唑可提高坐果率。番茄、茄子、辣椒和西瓜在花期喷 20mg/L 的 2,4-D 或 20~40mg/L 的防落素可提高坐果率，防止落花落果。

4. 诱导或促进雌花形成

黄瓜幼苗 1~3 片真叶期叶面喷 100~200mg/L 的乙烯利，或 1~3 叶期叶面喷 10mg/L 的 α-NAA，或 3~4 叶期叶面喷 500mg/L 的 IAA 均可诱导或促进雌花形成；南瓜 3~5 片真叶期叶面喷 150~300mg/L 的乙烯利可诱导雌花形成。

5. 诱导单性结实，形成无籽果实

在山楂花期喷 50mg/L 的 GA 可诱导单性结实；葡萄开花前用 200mg/L 的 GA 加少量链霉素液浸蘸花蕾，一周后再蘸花可诱导形成无籽果实；在番茄保护地生产中，在花期用 10mg/L 的 2,4-D 蘸花能大大提高结实率，形成无籽果实；也可在番茄花期喷 50mg/L GA 诱导单性结实。

6. 增大果个，提高产量，改进品种

苹果盛花期喷 20mg/L 的 BA 可增加果重；在梨和桃的幼果膨大期喷 50mg/L 的助壮素可促进果实肥大。在黄瓜花期喷（或浸花）50mg/L 的 GA 可促进瓜肥大；胡萝卜和萝卜苗期的肉质根肥大期喷整形素（10mg/L，4~5 叶期）、三十烷醇（0.5mg/L，肉质根肥大期喷 2~3 次，每 8~10 天 1 次）和多效唑（100~1 500mg/L，肉质根形成期）均能促进生长和肉质根肥大。芹菜在 2~3 叶期及其后两周喷 2 次 10mg/L 的赤霉素，或立心期、采前 10 天喷 0.01mg/L 的 BR 可促进生长，提高产量，增进品质。

7. 促进果实成熟

苹果成熟前 3~4 周喷 800~1 000 倍的乙烯利或成熟前 2 周喷 1mg/L 的 BA 均可催熟，在桃盛花期后 70~80 天喷 400 倍的乙烯利可催熟；番茄果实白熟期/着色期和采收前分别喷施乙烯利 300~500

倍、1 000mg/L 和 3 000mg/L 可促进着色和提早成熟，而采后喷乙烯利或用乙烯利浸蘸，都有催熟作用。

8. 疏花疏果

苹果盛花期后 10～15 天喷 5～20mg/L 的 NAA 或盛花期后 10～25 天喷 600～1 000mg/L 的西维因或盛花期后 14～20 天喷 25～150mg/L 的 6-BA 可疏花疏果；梨盛花期后 1 周喷 1 500mg/L 的西维因或梨、桃盛花期后 1～2 周喷 20～40mg/L 的 α-NAA 可疏花疏果。

9. 抑制茎叶和新梢生长，促进花芽分化

猕猴桃在 5 月喷 2 000mg/L 的多效唑可控制新梢生长，节间缩短；春季当桃的新梢长 10～30cm 时喷 1 000mg/L 的多效唑可控制新梢徒长，提高坐果率；土施 500mg/L 的 CCC 可防止番茄徒长；番茄 2～4 片真叶期喷 300mg/L 的 CCC 可防止茎叶徒长，5～8 片真叶期喷 10～20mg/L 的多效唑可防止苗徒长；辣椒苗高 6～7cm 时喷 10～20mg/L 的多效唑可防止苗期徒长；豆类蔬菜用 10～100mg/L 的 CCC 浸种后，可防止徒长，增加结荚数和产量。

10. 控制抽薹与开花

当芹菜、莴苣 3～4 片真叶时喷 50 或 100mg/L（低浓度）的 MH 可促进抽薹开花；在大白菜 37 片真叶时喷高浓度的 MH500～1 000mg/L 或在大白菜花芽分化初期喷 0.125% 的 MH 可抑制花芽分化。

11. 化学去雄

当黄瓜第一片真叶展开后开始叶面喷 150～200mg/L 的乙烯利，每次间隔 4～6 天（春季）或 3～4 天（秋季），连续喷 3～4 次即可去雄。

12. 保鲜

水杨酸可用于插花和水果保鲜。

（三）应用植物生长调节剂应注意的问题

（1）园艺作物种类、品种、生长势和环境条件差异较大，对植物生长剂的不同浓度的反应也各不相同，所以，在大量应用前要做预备试验，以免发生药害或效果不显著。

（2）不论溶于水还是溶于乙醇都必须将计算机出的用量放进较小的容器内先溶解，然后再稀释至所需要的量，并要随用随配，以免失效。

六、药剂使用的安全操作规定

（一）农药混配有哪些注意事项

农药混配主要是指两种或两种以上的农药同时配在同一喷雾器中使用。合理的农药混用，可以扩大使用范围或者兼治几种有害生物，可以提高工效；有的混配甚至可以增加药效并减轻抗药性、药害等农药的副作用。但是，不合理的农药混配则会降低药效或产生药害。因此，一定要注意以下几点，做到农药合理混配。

1. 农药混配要不影响有效成分的化学稳定性

农药有效成分的化学性质和结构是其生物活性的基础。混用时注意农药的酸碱性。微生物杀虫剂，微生物杀菌剂，微生物的除草剂不能与化学杀菌剂农药混用。混剂中各单剂之间有增效作用，混用一般应比单用成本低些。较昂贵的新型内吸性杀菌剂与较便宜的保护剂杀菌剂混用、较昂贵的菊酯类农药与有机磷杀虫剂混用，都比单用的成本低。混配的伴药多是低抗药风险的保护性杀菌剂。

（1）保护性杀菌剂。硫及无机硫化合物，如硫黄悬浮剂，固体石硫合剂等；铜制剂，主要有波尔多液，铜氨合剂等；有机硫化合物，如福美双、代森锌、代森铵、代森锰锌等；酞酰亚铵类，如克菌丹、敌菌丹和灭菌丹等；抗生素类，如井冈霉素、灭瘟素、多氧霉素等；其他类，如叶枯灵、叶枯净、百菌清等。

（2）内吸性杀菌剂。苯并咪唑类，如苯菌灵、多菌灵、噻菌灵、硫菌灵与甲基硫菌灵等；二甲酰亚胺类，如异菌脲、乙烯菌核利等；有机磷类，如稻瘟净、异稻瘟净、三乙膦酸铝等；苯基酰胺类，如甲霜灵等；甾醇生物合成抑制剂类，此类杀菌剂包括十三吗啉、嗪氨灵、丁赛特、甲菌啶和乙菌啶、抑霉唑和咪酰胺、三唑醇和三唑酮等，从化学结构上看，他们分别属于吗啉、吡啉、吡啶、嘧啶、咪唑、2，4-三唑类化合物。甾醇合成抑制剂类杀菌剂兼具保护作用和治疗作用，杀菌谱较广。

2. 要遵照农药混配原则

（1）农药混配不超 3 种。农药混用一般以 2 个品种为宜，必要时也可以 3 个，再多易产生不良后果。

（2）共防类药混配用量酌减。因共防相同目标，理应药力互助，在配制手法上通常是按平分的相加作用的规则。即二混时，各自保持原用药量的 50%；三混时，照此类推。

（3）不同剂型混配按顺序。农药混配应遵循微肥-可湿性粉剂-胶悬剂-水剂-乳油的顺序依次加入，并不断搅拌，待一种药剂充分溶解后再加下一种药剂两种可湿性粉混合，要先将可湿性粉混合均匀，再加水稀释。

（4）单治类农药混配按"各量"。兼治不同目标时的"各量"，也是混用药防常采用的手段。依据病虫草害同期混生的情况，确认兼治目标，选用混用药防。由于各防各自目标，理应保持各自的有效防治用量（即"各量"）。

（5）混配用药现配现用。混用农药要做到现配现用，尽快用完，不可存放。

（6）先加水后加药。进行二次稀释，目前，还有很多农户混配农药时，是将农药全部加入喷雾器内，然后再对水稀释，这种做法是错误的。

（二）药剂使用保管的规定

（1）正确选用药剂。在了解药剂性能，保护对象，掌握病虫发生规律基础上，正确选用药剂品种、浓度、用量，避免盲目乱用，禁止使用过期药剂。

（2）适时用药。选择最有利的防治时机，防小、防早，夏季避免中午前后气温高时施药，防止产生药害。

（3）交替使用。在一个地域长期使用一种药剂防治某一种病虫，此种病虫可能产生抗药性，因此，要交替使用，提高杀灭效果。

（4）喷药要均匀喷布，不漏喷，特别注意叶背的喷布。

（5）公用绿地喷药时，要设立警示牌，禁止游人接近，或选择夜晚行人少时喷洒。

（6）药剂使用完后的空瓶、空袋要妥善处理，不要污染水源。

（7）药剂应指定专人保管，在阴凉、干燥、通风的房间存放。

（三）安全操作规定

（1）喷药人员作业时要戴口罩、眼镜、胶手套，穿长袖长衫，防止自身中毒。

（2）配对药物时要小心操作，防止药液溅洒。

（3）有微风天气喷施农药时，人应站在上风方向作业。

（4）喷药容器密封不严，外溢药物时，要停止使用，修理好后，再使用。

（5）喷药期间，不得抽烟，吃东西。

（6）喷药后要及时清洗容器、衣物，洗手洗脸。

第五节　辨害性

蔬菜生产中病虫害种类繁多，症状多变，这些病害微生物一般通过茎、叶、根系、果实等侵染植物，大部分病害在染病初期虽能较易防治，但一般不易被人察觉，病害一旦大量发生，防治不仅困难而且效果较差，致使农作物减产，甚至绝收。如何在病害发病初期准确识别病害、虫害和及时防治，是菜农的基本功。

一、植物病虫害概述

（一）植物病害的定义、类型和危害

1. 植物病害的定义

植物在生长发育和贮藏运输过程中，由于遭受病原生物的侵染或不利的非生物因素的影响，使其生长发育受到阻碍，导致产量降低、品质变劣甚至死亡的现象。

2. 植物病害的特点

（1）植物病害是根据植物外观的异常与正常相对而言的。健康—正常，病态—异常。

（2）植物病害与机械伤害不同。植物病害有一个生理病变过程，而机械创伤往往是瞬间发生的。

（3）植物病害具有经济损失性。

3. 植物病害的类型

（1）根据致病因素的性质分。侵染性病害、非侵染性病害，其区分，见表 2-8 所示。

表 2-8　侵染性病害和非侵染性病害的识别

比较项目	侵染性病害	非侵染性病害
田间分布	一般病害发生在田间先呈零星分布，有中心病株，后逐渐扩大。田间多有发病中心和扩展趋势	一般比较均匀，往往是大面积成片发生。田间病株发病较均匀，无从点到面扩展的过程
病变过程	有病变过程，具传染性	无病变过程，无传染性
病状	病状类型复杂多样	除高温灼伤和药害等个别原因引起局部病变外，常表现全株性发病，多为变色、枯死、落花落果、畸形和生长不良等
病征	除病毒、类病毒、植原体、类立次氏体等引起的病害无病征外，既有病状又有病征。在植物表面或内部能检测到病原物	病株上无任何病征，组织内也分离不到病原物 注意患病后期由于抗病性降低，病部可能会有腐生菌类出现
症状可逆性	栽培等条件改善后，病态植株难以恢复正常	发病初期消除致病因素或采取挽救措施，可使病态植株恢复正常
病原	由菌物、细菌、病毒、线虫和寄生性植物等引起	由有害物质或营养、温度、水分等失调引起

（2）根据病原生物的种类分。真菌病害、细菌病害、病毒病害、线虫病害等引致的病害等，主要病害病原及其所致病害特点，见表 2-9 至表 2-15 所示。

表2-9 卵菌病害病原及其所致病害特点

属	形态特点	所致病害特点	代表病害
腐霉属	孢囊梗菌丝状，孢子囊球状或姜瓣状，成熟后一般不脱落，萌发时产生泡囊	根腐、猝倒、腐烂	瓜果腐烂病、多种植物猝倒病
疫霉属	孢囊梗分化不显著至显著，孢子囊球、卵或梨形，成熟后脱落，萌发时产生游动孢子或直接产生芽管		黄瓜、番茄、辣椒马铃薯、芍药等疫病；柑橘脚腐病
霜霉属	孢囊梗顶部对称二叉状锐角分枝，末端尖细	病部产生白色或灰黑色霜霉状物	十字花科蔬菜、葱和菠菜霜霉病
假霜霉属	孢囊梗主干单轴分枝，以后又作2~3回不对称二叉状锐角分枝，末端尖细		葡萄霜霉病
单轴霉属	孢囊梗单轴分枝，分枝呈直角，末端平钝		黄瓜霜霉病
白锈菌属	孢囊梗不分枝，短棍棒状，密集在寄主表皮下成栅栏状，孢囊梗顶端串生孢子囊	白色疱状突起，表皮破裂散出白色锈粉	十字花科蔬菜白锈病

表2-10 真菌病害-担子菌门病原及其所致病害特点

属	形态特点	所致病害特点	代表病害
柄锈菌属	冬孢子有柄，双细胞，深褐色，单主或转主寄生	病部产生铁锈状物	葱、美人蕉锈病
多胞锈菌属	冬孢子3至多细胞，表面光滑或有瘤状突起，柄基部膨大	病部产生铁锈状物	菜豆、蚕豆锈病
条黑粉菌属	冬孢子萌发产生无隔的担子，顶端簇生担孢子。冬孢子聚集成团，孢子团外有明显的不孕细胞	病部产生黑色粉状物	葱类黑粉病

表 2 - 11　真菌病害-接合菌门原及其所致病害特点

属	形态特点	所致病害特点	代表病害
根霉属在	有性生殖以孢子囊配合的方式产生接合孢子，无性生殖是在孢子囊中形成孢囊孢子。接合菌为陆生，营养体为无隔菌丝体，具有匍匐丝和假根。孢囊梗从匍匐丝上长出，与假根对生，顶端形成孢子囊，其内产生孢囊孢子	病部产生软腐	桃软腐病、南瓜软腐病和百合鳞茎软腐病
笄霉属	可形成大型孢子囊和小型孢子囊	瓜类、茄子花腐或瓜果腐烂	瓜、果类花腐病

表 2 - 12　真菌病害-子囊菌门病原及其所致病害特点

属	形态特点	所致病害特点	代表病害
白粉属	闭囊壳内含多个子囊，附属丝菌丝状不分枝	表面有一层明显的白色粉状物，后期可出现许多黑色的小颗粒	萝卜、菜豆和瓜类白粉病
小丛壳属	子囊壳小，壁薄，多埋生于子座内	病斑、腐烂、小黑点	瓜类、番茄、苹果、葡萄和柑橘炭疽病
间座壳属	子座黑色，子囊壳埋生于子座内，以长颈伸出子座	枯枝、流胶、腐烂	茄褐纹病、柑橘树脂病
球腔菌属	子囊座散生在寄主组织内，子囊孢子有隔膜	裂蔓	瓜类蔓枯病
格孢腔菌属	子囊座球或瓶形，光滑无刚毛。子囊孢子卵圆形，多细胞，砖格状	病斑	葱、蒜、辣椒的黑斑病、叶枯病
核盘菌属	子囊盘状或杯状，由菌核上产生	腐烂	十字花科蔬菜菌核病

表 2 - 13　真菌病害病原-半知菌亚门及其所致病害特点

属	形态特点	所致病害特点	代表病害
丝核菌属	产生菌核，菌核间有丝状体相连。菌丝多为近直角分枝，分枝处有缢缩	根茎腐烂、立枯	多种园艺植物立枯病
小菌核属	产生菌核，菌核间无丝状体相连	茎基和根部腐烂、猝倒	多种园艺植物白绢病

（续表）

属	形态特点	所致病害特点	代表病害
葡萄孢属	分生孢子梗树状分枝，顶端明显膨大呈球状，上生许多小梗。分生孢子单胞，着生小梗上，聚生成葡萄穗状	腐烂、病斑	多种园艺植物灰霉病
粉孢属	分生孢子梗短小，不分枝，分生孢子单胞，串生	寄主体表形成白色粉状物	多种园艺植物白粉病
轮枝孢属	分生孢子梗直立，分枝，轮生、对生或互生，分生孢子单胞	黄萎、枯死、维管束变色	茄子黄萎病
链格孢属	分生孢子梗淡褐色至褐色，分生孢子单生或串生，褐色、卵圆形或倒棍棒形，有纵横隔膜，顶端常具喙状细胞	叶斑、腐烂、霉状物	梨、白菜黑斑病、茄和番茄早疫病
褐孢霉属	分生孢子梗和分生孢子黑褐色，分生孢子单胞或双胞，形状和大小变化大	病斑、霉层	番茄、茄子叶霉病
炭疽菌属	分生孢子盘生于寄主表皮下，有时生有褐色刚毛。分生孢子梗无色至褐色，分生孢子无色，单胞，长椭圆形或弯月形	病斑、腐烂、小黑点	多种园艺植物炭疽病
茎点菌属	分生孢子器埋生或半埋生，分生孢子梗短，分生孢子小，卵形，无色，单胞	叶斑、茎枯、根腐	柑橘黑斑病、甘蓝黑胫病
壳针孢属	分生孢子无色，线形，多隔膜	病斑	芹菜斑枯病

表 2 – 14　细菌域病害病原及其所致病害特点

科	属	菌落特征	引起症状	代表病害
根瘤菌科	土壤杆菌属	圆形、隆起、光滑，灰白至白色	肿瘤、畸形	多种植物根癌病
伯克氏菌科	伯克氏菌属	光滑、湿润、隆起	腐烂	洋葱鳞茎外层鳞片腐烂
劳尔氏菌科	劳尔氏菌属	光滑、易流动、乳白色	萎蔫、维管束变褐	茄科植物青枯病
丛毛单胞菌科	食酸菌属	圆形、突起、光滑、暗淡黄色	坏死、腐烂	西瓜细菌性果斑病

（续表）

科	属	菌落特征	引起症状	代表病害
黄单胞杆菌科	黄单胞杆菌属	隆起，黏稠，蜜黄色，产生非水溶性色素	坏死、腐烂、萎蔫、疮痂	辣椒细菌性疮痂病
假单胞杆菌科	假单胞杆菌属	圆形、隆起、灰白色或浅黄色	叶斑、腐烂和萎蔫	黄瓜细菌性角斑病、番茄细菌性斑点病
肠杆菌科	果胶杆菌属	圆形、隆起、灰白色	腐烂	白菜软腐病
微球菌科	棒形杆菌属	圆形、光滑、凸起、黄或灰白色	花叶、环腐、萎蔫、维管束变褐	马铃薯环腐病番茄细菌溃疡病
链霉菌科	链霉菌属	初期表面光滑，后期颗粒、粉或绒状	疮痂	马铃薯疮痂病

表 2-15　重要园艺植物病毒及其主要性状

属	形态与大小（nm）	钝化温度稀释限点体外存活期	传播方式	症状表现	寄主范围
菜豆金色花叶病毒属	双生颗粒状（18～20）×30	50～55℃ 10^{-2} 72天	昆虫、机械、嫁接	黄化、曲叶、花叶、明脉、叶脉增厚、矮化	锦葵科、豆科中的蝶形亚科
黄瓜花叶病毒属	球状直径约29	55～70℃ 10^{-6}～10^{-5} 1～10天	蚜虫、汁液接触、部分可种传	花叶（基本症状）、蕨叶（番茄）、坏死斑	1 000多种单、双子叶植物
线虫传多面体病毒属	球状直径约28	50～65℃ 10^{-4} 6～10天	线虫、种子、机械	斑点、斑驳、坏死、褪绿环斑、矮化、生长点坏死	烟草、黄瓜、菜豆、苹果、李属、葡萄、天竺葵等300多种植物
马铃薯Y病毒属	线状11×684（或730）	50～62℃ 10^{-6}～10^{-2} 2～6天	蚜虫、机械、种子	花叶、皱缩、坏死条斑、明脉、斑驳、脉带、卷叶、坏死	茄科、黎科和豆科的60多种植物

（续表）

属	形态 与大小（nm）	钝化温度 稀释限点 体外存活期	传播方式	症状表现	寄主范围
南方菜豆花叶病毒属	球状 29.4~32.8	90~95℃ 10^{-6}~10^{-2} 20~165 天	甲虫、种子	褪绿斑驳、花叶	豆科植物、菜豆、豇豆
烟草花叶病毒属	直杆状 18~300	93℃左右 10^{-7}~10^{-4} 几个月以上	汁液接触	花叶、明脉、疱斑、畸形	烟草、番茄、辣椒等

（3）根据病原物的传播途径分。气传病害、土传病害、种传病害以及虫传病害等。

（4）根据表现的症状类型分。花叶病、斑点病、溃疡病、腐烂病、枯萎病、疫病、癌肿病等。

（5）根据植物的发病部位分。根部病害、叶部病害、茎秆病害、花器病害和果实病害等。

（6）根据被害植物的类别分。大田作物病害、经济作物病害、蔬菜病害、果树病害、观赏植物病害、药用植物病害等。

（7）根据病害流行特点分。单年流行病、积年流行病。

（8）根据病原物生活史分。单循环病害、多循环病害。

4. 植物病害的病原

（1）生物性病原。生物性病原被称为病原生物或病原物。病原物主要有植物病原真菌、植物病原原核生物、植物病毒、植物病原线虫和寄生性种子植物。

（2）非生物性病原。非生物性病原指引起植物病害的各种不良环境条件。如温度、光照不适；水分、营养失调；土壤、空气中存在有毒有害物质等都会使植物表现出病态。

5. 植物病害的危害

（1）降低产量。

（2）降低品质。

（3）产生有毒物质。

（4）限制了农作物的栽培。

（5）影响农产品的运输和贮藏。

（6）增加生产投入。

（7）环境污染。

（二）植物发病三要素

病害需要有病原、寄主植物和一定的环境条件三者配合才能发生，三者相互依存，缺一不可。任何一方的变化均会影响另外两方，这三者之间的关系称为"病害三角"或"病害三要素"（图2-10）。

图2-10 病害三角

1. 寄主植物

感病植物在病害发生过程中为病原物提供必要的营养物质及生存场所，简称为寄主。植物对外界环境中有害因素都有一定的抵抗和忍耐能力，当植物的抵抗能力超过某一因素的侵害能力时，病害就不能发生。

2. 病原

在植物病害发生过程中起直接作用、决定病害特点与性质的因素称为病原，可分为生物性病原和非生物性病原两大类。其他对病害发生发展起促进或延缓作用的因素，称为病害诱因或发病条件。由生物性病原引起的病害能互相传染，有侵染过程，称为侵染性病害，引起侵染性病害的生物性病原简称病原物。由非生物性病原引起的病害无侵染过程，不能相互传染，称为非侵染性病害或生理性病害。

3. 环境条件

环境条件是指直接或间接影响寄主及病原的一切生物和非生物条件。环境条件，一方面直接影响病原物，促进或抑制其生长发育；另一方面影响寄主的生活状态及其抗病性，当环境有利于植物而不利于病原物时，植物不发生病害；而当环境不利于植物，而有利于病原物时，植物病害才能形成。

（三）植物病状及病症的类型

植物症状识别要从病状和病症两方面识别。

1. 植物病状的类型

（1）变色。发病植物的色泽发生改变，本质是叶绿素受到破坏，细胞并未死亡。

①花叶：叶绿素减少，不均匀变色。

②褪色：叶绿素减少，均匀变色，变浅。

③黄化：叶绿素减少，均匀变色，变黄。

④斑驳：变色部分的轮廓不清。

⑤条纹、条斑、条点：单子叶植物的花叶。

⑥白化苗：不形成叶绿素，遗传病害。

（2）坏死。发病植物的细胞或组织坏死。细胞已死亡。

①叶斑：轮斑、环斑、角斑、圆斑、穿孔等，形状大小不同，但轮廓清楚，类似岛屿。

②叶枯：叶片较大面积坏死，边缘不清。

③叶烧：叶尖或叶缘枯死。

④猝倒、立枯：幼苗近地表茎部坏死。前者倒伏（腐霉），后者死而不倒（丝核菌）。

⑤溃疡：树干木质部坏死。

（3）腐烂。植物幼嫩多汁组织大面积坏死，组织或细胞破坏消解。

①干腐：死亡慢，水分快速及时失去。

②湿腐：死亡快，水分未能及时散失。

③软腐：中胶层破坏，细胞离析。根据腐烂的部位有根腐、基腐、茎腐、果腐、花腐等。

（4）萎蔫。植物根茎的维管束组织受到破坏而发生的缺水凋萎现象，而根茎的皮层组织完好。其分为：枯萎、黄萎、青枯。

（5）畸形。植物受病原物产生的激素类物质的刺激而表现得异常生长现象。

①增生型：病组织的薄壁细胞分裂加快，数量迅速增多，局部组织出现肿瘤或癌肿、丛枝、发根等。

②增大型：病组织的局部细胞体积增大（巨型细胞），但细胞数量并不增多。如根结、徒长恶苗等。

③减生型：病部细胞分裂受到抑制，发育不良，造成植株矮缩、矮化、小叶、小果、卷叶等。

④变态（变形）：植株的花器变态成叶片状、叶变花、叶片扭曲、蕨叶、花器变菌瘿等。

2. 病症的类型

病症是指病原物在植物体上表现出来的特征性结构。

（1）霉状物。真菌病害常见特征。有霜霉、灰霉、青霉、绿霉、赤霉、黑霉等颜色。

（2）粉状物。真菌病害常见特征。有白粉病、黑粉病、锈病。

（3）小黑点。真菌病害常见特征。有分生孢子器、分生孢子盘、分生孢子座、闭囊壳、子囊壳等。

（4）菌核。真菌病害中丝核菌和核盘菌常见特征。较大、深色、越冬结构。

（5）菌脓。细菌病害常见特征。菌脓失水干燥后变成菌痂。

3. 症状的变化

（1）典型症状。一种病害在不同阶段或不同抗病性的品种上或者在不同的环境条件下出现不同的症状，其中，一种常见症状成为该病害的典型症状。

（2）综合征。有的病害在一种植物上可以同时或先后表现两种或两种以上不同类型的症状，这种情况称谓综合征。例如，稻瘟病在芽苗期发生引起烂芽，在株期侵染叶片则表现枯斑，侵染穗部导致穗茎枯死引起白穗。

（3）并发症。当两种或多种病害同时在一株植物上混发时，可以出现多种不同的类型的症状，这种现象称为并发症。有时会发生彼此干扰的拮抗现象，也可能出现加重症状的协生作用。

（4）隐症现象。病害症状出现后，由于环境条件的改变，或者使用农药治疗后，原有症状逐渐减退直至消失。隐症的植物体内仍有病原物存在，是个带菌植物，一旦环境恢复或农药作用消失，隐症的植物还会重新显症。

（四）植物侵染性病害的侵染过程

病原物的侵染过程是指病原物侵入寄主到寄主发病的过程。

1. 病原物的侵染过程

指病原物的侵染从侵入寄主到发病的全过程，简称病程。

（1）侵入期。从病原物侵入寄主到建立寄生关系为止。侵入途径：①表皮直接侵入；②自然孔口（气孔　水孔　皮孔）；③伤口。

（2）潜育期。从建立寄生关系到植物表现明显症状为止。一般病害的潜育期是比较固定的。有的较短，有的较长。大斑病：7天。黑粉病：一年。

（3）发病期。从表现症状到病斑不再扩展为止，是病害繁殖个体，发展的过程。

2. 植物病害的侵染循环

指的是一种病害从前一个生长季开始发病到下一个生长季再度发病的过程。包括：①越冬或越夏（初次侵染来源）；②初次侵染，再次侵染；③病原物的传播途径。

二、病害诊断

诊断目的就是了解病害发生的原因，确定"是否"是某种病害，是以不同病原的病害特点为依据。准确的诊断是控制病害的前提，是防治病害的依据，也是农技推广人员必须具备的一项基本技能。

（一）病害诊疗五步法

（1）区分是不是侵染性病害。

（2）判断是什么病害。

（3）是侵染性病害，选择药剂。

（4）不是侵染性病害，找出真正原因。

（5）综合防治。

（二）病害诊断五字诀

我们通过多年的实践，总结了一套简便易行的诊断植物病害的"望、闻、问、切、诊"五字诀。用于病害的诊断效果不错，其主要内容如下：

1."望"

"望"即观察，通过观察植株的外部症状表现，来找出病因病灶。"望"可分为田间观察和室内观察两种。田间观察就是植保人员亲自到病害发生田进行现场观察。通过全田观察来确认是病害、自然灾害、还是缺素症等。一般病害发生在田间先呈零星分布，有中心病株，后逐渐扩大。自然灾害则成片发生或全田受害，而且作物受害部位往往均匀一致。

区分病理性的和生理学的。通过观察有无发病中心、有无发病过程、有无病键交界处来分析病菌种类。

（1）真菌性病害的诊断。主要症状是坏死、腐烂和萎蔫，少数为畸形。特别是病斑上有霉状物、粒状物和粉状物等病征。

（2）细菌性病害的诊断。主要症状有坏死、腐烂、萎蔫和肿瘤等，变色的较少，并时常有菌脓溢出。特点一是受害组织表面常为水渍状和油渍状；二是在潮湿条件下病部有黄褐色或乳白色、胶黏、似水珠状的菌脓；三是腐烂型病害患部往往有恶臭味。

（3）病毒病害的诊断。主要症状是花叶、黄化、矮缩、皱缩、丛枝等，少数为坏死斑点。

（4）线虫病害的诊断。主要症状是植株矮小、叶片黄化、局部畸形和根部腐烂等。特别是根部。

（5）非侵染性病害的诊断。①突然、大面积，时间短；②根部发黑；③有明显的枯斑和烧伤；④缺素症状；⑤只限于一个品种。

2. "闻"

"闻"即通过分辨植株受害部位、发出的气味来判断其病害的种类。用防风打烧机烤"病害"部分，马上闻气味：酸味者是真菌病害，臭味者为细菌性病害，又酸又臭者是真、细菌混合性病害，烧焦羽毛味者病毒性病害，有青叶味是日灼、除草剂、缺水、冻害、高温等引起的不是病害。如大白菜软腐病，溃烂处会有硫化氢的味道；黄瓜疫病会发出腥臭气味等。

3. "问"

"问"即通过询问，找出植物受害的原因和因素。一般情况下需要询问农作物的种类、品种名称、播种期、施肥、浇水情况；发病前植株长势、发病后采取什么措施、用过什么农药；全田的发病规律、特征、单株的发病部位、症状及侵染顺序等。例如，棚室在冬春季节长期处于低温高湿环境，则易发生黄瓜霜霉病、番茄灰霉病；高温高湿易发生番茄叶霉病；早春甘蓝在长至 5～6 片叶，茎粗 0.5cm 时，处于 0～5℃的温度下则易发生抽薹开花的现象。

4. "切"

"切"即通过手的接触来判断植株受害的原因。如黄瓜枯萎病要劈开茎部观察维管束的情况；诊断番茄细菌性溃疡病可掰开幼果的果柄看其髓部是否变黑；用手摸豆角叶上的孢子堆，如果手上有铁锈色粉末，则说明豆角已得了豆角锈病。

5. "诊"

在诊断时，首先要求熟悉病害，了解各类病害的特点；其次要求全面检查，仔细分析；最后注意下结论要慎重，要留有余地。首先应从症状入手确定病原类型，即确定是属于侵染性病害还是非侵染性病害。然后再确定侵染性病害中是真菌、病毒、细菌还是线虫或其他病原物侵染引起，非侵染性病害中是营养失衡还是环境不适等其他原因引起。最后再鉴定病原，确定它是哪个种、变种、生理小种或者其他具体原因。

（三）病虫害检索

常见病虫害简易识别如下。

1. 由病原寄生物侵染引起的植物不正常，生长和发育受到干扰所表现的病态，常有发病中心由点到面 ……………………………… 病害

A. 蔬菜遭到病菌寄生侵染，植株感病部位生有霉状物、菌丝体并产生病斑 …………………………………………………… 真菌病害

B. 蔬菜感病后组织解体腐烂、溢出菌脓有臭味……… 细菌病害

C. 蔬菜感病后引起畸形、丛簇、矮化、花叶、皱缩等，并有传染扩散现象 …………………………………………………… 病毒病害

2. 昆虫如蚜虫、棉铃虫等刺吸、啃食、咀嚼蔬菜引起的植株非正常生长和伤害现象，无病原物，可见虫体 ……………………… 虫害

3. 受不良生长环境限制以及天气、种植习惯、管理不当等因素影响，蔬菜局部或整株或成片发生的异常现象，不见虫体、病原物
………………………………………………………… 生理性病害

（1）因过量施用农药或误施、飘移、残留等因素对蔬菜生长造成的生长异常、枯死、畸形现象 …………………………………… 药害

A. 因施用含有对蔬菜花、果实有刺激作用成分的杀菌剂造成落花、落果以及过量药剂所产生植株及叶片异形现象 ……… 杀菌剂药害

B. 杀虫剂过量或多种杀虫剂混配喷施，蔬菜所产生的烧叶、白斑等现象 …………………………………………………… 杀虫剂药害

C. 除草剂超量使用造成土壤残留，下茬受害黄化、抑制生长等现象，以及喷除草剂飘移造成的近邻蔬菜受害畸形现象 ……………
………………………………………………………… 除草剂药害

D. 因气温、浓度过高、过量或喷施不当，造成植株异形、畸形果、裂果、僵化叶等现象 …………………………………… 激素药害

（2）偏施化肥，造成土壤盐渍化或缺素，造成的植株烧灼、枯

萎、黄叶、化瓜等现象 ·· 肥害

    A. 施肥不足，脱肥或过量施入单一肥料造成某些元素固定，缺乏微量元素现象 ·· 缺素症

    B. 过量施入某种化肥或微肥，或环境污染造成的某种元素中毒 ·· 中毒症

（3）因天气的变化、突发性天灾造成的危害 ······· 天气灾害

A. 冬季持续低温对蔬菜造成的低温障碍·················· 寒害

B. 突然降温、霜冻造成的危害 ···························· 冻害

C. 因持续高温对不耐热蔬菜造成的高温障碍·············· 热害

D. 阴雨放晴后的超高温、强光下枝叶灼伤·················· 烫伤

E. 暴雨、水灾使植株泡淹造成的危害·················· 淹害

三、防治的方针、策略和原理

（一）防治的总方针

"预防为主，综合防治"是我国植保工作总方针，也是病害防治的总方针，这和国际上通用的"有害生物综合治理"（Integrated Pest Management，IPM）、"植物病害管理"（Plant Disease Management，PDM）的内涵是一致的，是对有害生物进行科学管理的体系。其主要内容是：从农业生产全局和农业生态系的总体出发，根据有害生物和环境之间的相互关系，依预防为主，充分发挥自然控制因素的作用，因地制宜地协调应用必要的措施，将有害生物控制在经济受害允许水平之下，以获得最佳的经济、生态和社会效益。

这个总方针有3点要求：全局性，即从农业生产全局和生态系统的总体观念出发，既要考虑局部的和当前的防治，又要考虑对整体的和长远的影响；综合性，即注意各种措施的配合和协调，选择最佳的防治方案；整体性，即全面考虑经济、安全、有效的原则。

（二）防治病害的策略和原理

1. 从病害流行学效应来看

各种病害防治策略不外乎是减少初始菌量（x0策略）、降低流行

速度（r 策略）或缩短流行时间（t 策略）。

2. 病害防治的基本原理

（1）回避（avoidance）。即避免病原物，在病原物无效、稀少或没有的时间或地区种植作物。常用的措施有选择适宜的栽培地区、种植地点和种植日期，采用无病种苗，改善栽培方法和环境条件等。

（2）杜绝（exclusion）。即拒绝病原物，主要通过阻断病原物的传播途径将病原物拒绝在作物栽培区之外。具体措施有处理植物繁殖体、植物检疫、消灭媒介昆虫等。

（3）铲除（eradication）。主要是消灭、减少或抑制病原物的来源，常用的方法有生物防治、轮作、消灭感病植株或感病部位、病株处理、土壤处理等。

（4）保护（protection）。即保护寄主植物免受病原物侵染，在感病寄主和病原物之间介入毒物或其他有效障碍以阻止病原物侵入。方法有药剂保护、生物保护、生态保护、营养保护等。

（5）抵抗（resistance）。即增强寄主抗病性，降低致病因素在寄主体内的效力，措施有培育和利用抗病品种、利用化学抗性、利用栽培和营养抗性等。

（6）治疗（therapy）。主要通过医治受侵植物以减轻病害危害程度。措施有化学治疗、物理治疗和手术治疗等。

（三）防治方法

基本方法一般可归为植物检疫、农业防治、抗病性利用、生物防治、物理防治和化学防治 6 个方面或六大类。

1. 生物防治

（1）概念。生物防治是利用有益生物或其他生物来抑制或消灭有害生物的一种防治方法。

（2）生物防治措施。

①利用微生物防治：常见的有应用真菌、细菌、病毒和能分泌抗生物质的抗生菌，如应用白僵菌防治马尾松毛虫（真菌），苏云金杆菌各种变种制剂防治多种林业害虫（细菌），病毒粗提液防治蜀柏毒

蛾、松毛虫、泡桐大袋蛾等（病毒），5406防治苗木立枯病（放线菌）微孢子虫防治舞毒蛾等的幼虫（原生动物），泰山1号防治天牛(线虫)。

②利用寄生性天敌防治：主要有寄生蜂和寄生蝇，最常见有赤眼蜂、寄生蝇防治松毛虫等多种害虫，肿腿蜂防治天牛，花角蚜小蜂防治松突圆蚧。

③利用捕食性天敌防治：这类天敌很多，主要为食虫、食鼠的脊椎动物和捕食性节肢动物两大类。鸟类有山雀、灰喜鹊、啄木鸟等捕食害虫的不同虫态。鼠类天敌如黄鼬、猫头鹰、蛇等，节肢动物中捕食性天敌有瓢虫、螳螂、蚂蚁等昆虫外，还有蜘蛛和螨类。

（3）生物防治优缺点。

生物防治优点：①使用安全，不污染环境；②具有选择性，不影响其他天敌；③长期应用，不产生抗性品系；④能长期持久地控制害虫种群，起到预防作用；⑤资源丰富，降低防治成本。

生物防治的缺点：①不如化学防治简便，见效慢；②使用效果受环境影响大；③一种天敌昆虫只能对付一种害虫，如果发生多种害虫很难控制；④人工繁殖较困难。

2. 农业防治

（1）概念。农业防治是指为防治农作物病、虫、草害所采取的农业技术综合措施、调整和改善作物的生长环境，以增强作物对病、虫、草害的抵抗力，创造不利于病原物、害虫和杂草生长发育或传播的条件，以控制、避免或减轻病、虫、草的为害。

（2）农业防治的措施。

①选用抗（耐）病虫品种：采用抗（耐）病虫等品种或砧木是防治有害生物的一种有效方法。国内在抗病品种方面研究较多，也成功培育了许多抗病品种，如抗霜霉病、白粉病、枯萎病的黄瓜，抗病毒病、叶霉病的番茄，抗软腐病、霜霉病、病毒病的白菜等，各地都相继育成抗性品种并在生产上推广应用，减少了病害的发生。抗条锈病的小麦，抗大小斑病的玉米等。

②建立合理的栽培制度：提倡水旱轮作，有利于提高农作物产量，减轻和防治土传病害和寡食性害虫发生。常年农作物连续种植基地应合理布局茬口，提倡不同科、属农作物品种的轮作，对减轻病害的发生有十分重要的作用。

③培育无病虫壮苗：选用无病种子，做好种子处理和苗床消毒、适时播种，培育壮苗。从外地引种，必须进行植物检疫，防范新病虫的传入。

④合理肥水管理：根据土壤肥力特点，开展平衡施肥，增施充分腐熟的有机肥作基肥，氮磷钾肥合理配置适量施用微量营养元素可改善农作物生长营养条件，磷肥可提高产量、钾肥可增加植株的抗病虫能力，补施微量营养元素，可防止一些缺素症。

⑤加强田间管理：生产过程中要及时摘除病枝、残叶、病果，清除农作物残余物残留物，带出田外深埋或烧毁，减少传播源，采收后及时清除废弃地膜、秸秆、病株、残叶，并集中处理。是减少病虫害越冬、繁殖和传播的重要措施。

（3）农业防治优缺点。

农业防治的优点：①结合了作物丰产栽培技术，不需要增加额外的劳力和投资，降低了生产成本；②农业防治是恶化病虫发生的生态环境，有利于天敌的生存和繁衍，不污染环境。

农业防治的缺点：①对某种害虫或病害有效的措施对另外的害虫或病害不一定有效；②所用的措施有明显的地域性；③不能作为应急措施。

3. 植物抗病性利用

（1）概念。植物抗病性利用是指通过农业措施调节环境条件，使之有利于植物的健康生长，从而提高植物的抗病性；使用具有诱导抗病性作用的栽培方法（嫁接、切断胚轴等）、生物制剂或矿物质提高植物的抗病性。

（2）措施。利用作物对病虫害的抗性选育具有抗性的作物品种防治病虫害，如选育抗马铃薯晚疫病的马铃薯品种、抗花叶病的甘蔗品种，抗镰刀菌枯萎病的亚麻品种、抗麦秆蝇的小麦品种，都已经取得成果。作物的抗虫性表现为忍耐性、抗生性和无嗜爱性。忍耐性是作物虽受有害生物侵袭，仍能保持正常产量；抗生性是作物能对有害生物的生长发育或生理机能产生影响，抑制它们的生活力和发育速度，使雌性成虫的生殖能力减退；无嗜爱性是作物对有害生物不具有吸引能力。

（3）植物抗病性利用优缺点。

植物抗病性的优点：①抗病品种是防治植物病害的最好的方法，也是综合防治中最经济、最有效、最简单、最易推广的一种方法。②目前国内外近百种重要的植物病害，其中，80%都是完全或主要靠抗病品种解决的。③在多种作物病害中，如小麦锈病、稻瘟病、玉米大、小斑病、马铃薯晚疫病等，都是利用抗病品种来防治的。因此，抗病品种是植物病害防治的最主要的方法。

植物抗病性的缺点：①抗病品种主要是针对专性寄生菌所引起的病害，而对那些非专性寄生菌引起的病害，因植物品种间抗病性的差异较小，不容易找到抗病的类型。②对于专性寄生菌引起的病害，由于病原菌致病力的变异，不断产生毒性强的新生理小种，容易使广推不久的抗病品种变成不抗病而失去生产使用价值。③一种作物往往有多种病害，要育成抗多种病害的品种并不容易。④抗病品种和产品的品质及作物的早熟性有一定的矛盾，抗病品种一般品质较差，较晚熟，而品质优良又早熟的品种一般较不抗病。

4. 植物检疫

（1）概念。植物检疫是指通过法律、行政和技术的手段，防止危险性植物病、虫、杂草和其他有害生物的人为传播，保障农林业生产的安全，促进贸易发展的措施。它是人类同自然长期斗争的产物，也是当今世界各国普遍实行的一项制度。植物检疫：又称法规防止，即利用立法和强制措施，通过禁止和限制植物及植物产品或其他传播载体的输入和数呼出，已达到防止传入或传出有害生物，保护农业生产和环境的目的，而植物检疫基本属于预防性和强制性。

（2）植物检疫措施。①是一项防止危险性病、虫、杂草传入尚未发生地区的重要措施，国家已颁布植物检疫法规，从国内外引进或输出动植物时，必须遵照执行。②从国内外引进树木、花卉、草等园林植物及其繁殖材料时，应事先调查了解引进对象在当地的病虫害情况，提出检疫要求，办理检疫手续，方能引进，防止本市尚未发生过、危险性大、又能在本地区生存的一些病、虫、杂草等传入本市。③各苗圃、花圃等繁殖园林植物的场所，对一些主要随苗木传播、经常在树木、木本花卉上繁殖和为害的、危害性又较大的如介壳虫、蛀食枝、干害虫、根部线虫、根癌肿病等病虫害，应在苗圃彻底进行防治，严把随苗外出关。

（3）植物检疫优缺点。

植物检疫的优点：①实施手段的法律性。植物检疫是依据植物检疫法规开展工作的，具有强制性和权威性。②涉及范围的社会性。③机构职能的行政性。④所起作用的防御性和技术要求的特殊性。主要任务是防止外来危险性病虫侵害，防止本国危险性病虫外传，防止国内植物检疫对象的扩散，保障植物性商品的正常流通。

植物检疫的缺点：①害虫产生抗药性时，植物检疫不起作用。②有些植物检疫方法对人、畜有毒，如果加大药物浓度，会出现残留物超标，危及人们和牲畜安全，并提高了成本。③植物检疫的有些方法对操作要求极其严格，需要有先进的设备和完善的技术要求。

5. 物理机械防治

（1）概念。物理机械防治是指利用物理因素（如温度、光照等）和机械设备来防治病虫害，称为物理机械防治法。如种子的汰选处理，害虫的诱杀等。

（2）措施。在生产上可利用一些害虫对灯光的趋性，设置黑光灯或高压灭虫灯诱杀成虫。还可采取超声波、热处理、射线照射等方法处理种子和插条，消灭病原物或害虫，如 $47 \sim 51℃$ 温水浸泡桐种根 1 小时，可防治泡桐丛枝病。我国北方利用松毛虫下树越冬习性，在松毛虫春季上树前在树干上扎上塑料带，可阻止越冬幼虫上树，减轻其危害。①此为行之有效，简便易行，适合于城市园林中采取的防治方法，应结合种植、日常养护管理工作，作为一项控制一些病虫害发展的主要措施之一。主要包括饵料诱杀、灯光诱杀、潜所诱杀、热处理、截止上树、人工捕捉、挖蛹或虫、采摘卵块虫包、刷除虫或卵、刺杀蛀干。②对一些具有明显趋性的害虫，如趋化性、趋光性、趋阴暗性、趋某种食物性等的害虫，在其初发生阶段尚未发展成灾害时，应尽量结合园林管理采取诱杀法，控制其发展成灾。

（3）物理机械防治优缺点。

物理机械防治的优点：①其中一些方法能杀死隐蔽为害的害虫，原子能辐射在一定范围内使害虫的种群灭绝；②它没有化学防治所产生的副作用。

物理机械防治的缺点：①物理防治要耗费较多的劳力，其中，有些方法耗资昂贵；②有些方法也能杀伤天敌。

6. 化学防治

（1）概念。化学防治是用化学药剂的毒性来防治病虫害，以保持园林花木的政党生长，许多重要病虫害如能及时合理地用药，常可得到有效控制。

（2）化学防治措施。合理安全使用化学药剂：①在城区喷洒化学药剂时，应选用高效、无毒、无污染、对害虫的天敌也较安全的药剂。控制对人毒性较大、污染较重、对天敌影响较大的化学农药的喷洒。用药时，对不同的防治对象，应对症下药，按规定浓度和方法准确配药，不得随意加大浓度。②抓准用药的最有利时机（既是对害虫防效最佳时机，又是对主要天敌较安全期）。③喷药均匀周到，提高防效，减少不必要的喷药次数；喷洒药剂时，必须注意行人、居民、饮食等的安全，防治病虫害的喷雾器和药箱不得与喷除草剂的合用。④注意不同药剂的交替使用，减缓防治对象抗药性的产生。⑤尽量采取兼治，减少不必要的喷药次数。⑥选用新的药剂和方法时，先试验有效和安全时，才能大面积推广。

（3）化防指标。①为了提高防治效果，减少不必要的喷药次数，将化学药剂对城市园林生态环境的不利影响降到最低限度，通过此指标合理地控制有毒化学药剂的喷洒次数。②该指标主要适用于有毒且污染环境的化学药剂的喷洒，不包括其他使用方法。在指标以下时，应采取生物防治、喷洒高效、无毒、无污染药剂、人工防治等方法控制，当害虫、害螨等发展较快，超过指标，而又没有安全药剂和其他方法时，才得喷洒有毒的化学药剂。

（4）化学防治优缺点。

化学防治的优点：①当一些病虫害即将大发生或已经大发生时，及时采取化学的防治常可使用病虫的蔓延得到及时的控制。②化学防治的适应范围比较广，受地区性和季节性影响较小，不同类型的地区和不同季节往往都可使用。

化学防治的缺点：①长期大量使用农药，也带来一些不良后果。②对环境的污染，对天敌有伤害，易引起病虫害的抗药性。③对人毒性较大，药物浓度不达指标，可能不会对害虫起作用。④不同的药剂交替使用，防治对象可能会产生抗药性。

（5）防治蔬菜病虫害安全友好型农药。

①防治霜霉病、疫病、猝倒病：甲霜灵锰锌、霜霉威、甲霜灵、乙膦铝·锰锌、烯酰吗啉、烯酰·锰锌。

②防治菌核病、灰霉病：速克灵（腐霉利）、异菌脲（扑海因）、百菌清、嘧霉胺、福·菌核。

③防治叶斑病、叶霉病：硫黄、速克灵、甲基硫菌灵、灭病威（多·硫）、百菌清。

④防治黑星病、炭疽病、蔓枯病、白粉病：武夷菌素（Bo-10）、代森锰锌、炭疽福美、灭高脂膜、三唑酮、多抗霉素、氟硅唑。

⑤防治绵腐病：琥胶肥酸铜、络氨铜。

⑥防治枯萎病、黄萎病、青枯病：枯黄回青、黄腐酸盐、根腐灵、琥·乙膦铝、农抗120、甲基托布津。

⑦防治立枯病：甲霜灵、拌种双、甲基立枯磷（利克菌、立枯

磷）、井冈霉素；普力克、恶霉灵。

⑧防治细菌性角斑病：溴·多·链、叶枯唑、琥胶肥酸铜、农用硫酸链霉素、络氨铜。

⑨防治病毒病：病毒必清、精品金病毒、菌克毒克、病毒A、83增抗剂、植病灵。

⑩防治根结线虫病：淡紫拟青霉颗粒剂、无线乳油、福气多、辛硫磷。

⑪防治地下害虫：毒死蜱、氯氰·毒死蜱、氟虫苯甲酰胺、溴氰菊酯、辛硫磷。

⑫防治棉铃虫、菜蛾等鳞翅目害虫：甲维盐、阿维菌素、氟虫双酰胺、印楝素、高效氯氰菊酯、灭扫利。

⑬防治韭蛆、美洲斑潜蝇等双翅目害虫：灭蝇胺、阿维菌素、阿维·高氯、氟虫双酰胺。

⑭防治蚜虫、白粉虱等同翅目害虫：蚜虱定、吡蚜酮、烯啶虫胺、辟蚜雾、吡虫啉、三氟氯氰菊酯；克蚜星。

⑮防治跳甲、黄守瓜等鞘翅目：鱼藤酮、乐斯本、辛硫磷、跳甲清、抑食肼、溴氟菊酯、高效氯氰菊酯。

⑯防治蓟马：瓜菜宝、吡虫啉、阿维菌素；高卫士。

⑰防治蜗牛、细钻螺、高突足襞蛞及黄蛞蝓：灭蜗灵、浸螺杀、茶仔麸。

⑱防治螨类：阿维菌素、溴氟菊酯、浏阳霉素；扫螨净、灭净菊酯、尼索朗。

第三章　实战操作篇

第一节　优型温室一锤定音

一、设施农业园区的规划

（一）场地的选择

设施园艺的场地选择要着重于防寒、保温和充分利用自然资源（地热等），还要考虑经济条件。

1. 场地的自然条件

（1）光照条件。太阳辐射是设施园艺光、热的主要来源。在冬季应争取最大的光照时数和日射量。为此设施园艺应选择在地热开阔，东西南三面空旷、无高大建筑物或树木遮阴的地方。如有可能，最好选择向南或西南呈 10 度角的缓坡地，这样每天可最早见到阳光，接受日照时间最长。由于地势高燥，早春地温容易回升，利于提高栽培。

（2）防风条件。北方地区冬春季西北风较多，在设施园艺的迎风面最好有天然的或人工的屏障物，以削弱风速，避免冷空气长驱直入，稳定小气候。在山区，更要避开山谷风，选择避风、向阳的地段。

（3）土壤条件。宜选择地下水位较低，土壤肥沃的壤土或沙壤土。

（4）水源。设施园艺栽培用水较多，冬季浇水时水温不能太低，故应选取择靠近水源、灌溉便利的地块。

2. 其他条件

设施园艺应与露地栽培配套，以便就近供苗。还要靠近居住区，便于作业人员进行应变管理和昼夜管理。应就近建立仓库，便于和产资料的取用和存放。为了便于产品的销售应靠近公路。还要考虑到减少周围环境的污染。有条件的地方可充分利用地热资源建立温室等设施。

（二）场地的规划

1. 设施园艺数量的确定

如以育苗为主时，应根据供苗面积（大棚、改良阳畦、露地栽培面积等）为确定温室的建筑面积。一般温室的苗床每 10 平方米平均可育苗 1 500 株，则可提供 20 倍面积的露地用苗。温室的栽培面积与建筑占地面积的比例为 1：2～2：5，故温室的面积与大棚、露地的栽培面积配套的比例应为 1：10：100。

2. 场地的布局

新建菜园应东西较长、南北较短，以便于设施园艺相对集中，有利于削弱风速，改善田间小气候，且便于运输生产资料和产品。

菜园从北向南的设施依次为：最北面为附属设施如库房、办公室、机井、车库等，向进依次建立温室群、大棚群、改良阳畦、露地。

前后二栋温室间距应为前栋温室最高点高度的 2.5 倍以上，避免遮阴。同一排温室中间应留出车道和灌水渠。

大棚一般为南北延长，对称排列。但在多风地区应交错排列，以免给风造成通道，加大风速、造成风灾。同一排 2 个大棚间距为 2m，前后两个大棚间距应为大棚矢高的 1.5 倍以上，一般为 5m 左右。

改良阳畦、小棚宜东西延长，便于受光照和加设防寒覆盖物。

二、我国适宜日光温室发展的主要区域

日光温室需要在适宜环境地区发展。这些适宜环境主要包括：年日照时数大于2 200小时，其中，冬半年日照时数大于1 000小时；年辐射总量5 000MJ/m²/年以上，其中，冬半年辐射总量2 300 MJ·m⁻²以上。年积温在2 000～5 500℃，年平均温度5.5～15.0℃。空气相对湿度为50%～70%、年降水量低于1 000mm、尤其冬季降雪少。风速低于8m/秒，特别是冬季风速低于3m/秒。土壤、水、空气无污染；地下水位低；水源充足；空气中含氧量在15%以上。地形平坦或向阳坡地，交通便利又不在交通干线两侧，核心市场供应半径在500km，辐射市场供应半径在1 000km。日光温室的结构参数应依据不同地理纬度及其环境而确定。

根据我国不同纬度地区的环境特点，可确定我国适宜日光温室发展的地区及主要结构参数如下。

按照适宜日光温室发展的环境要求，我国适宜日光温室发展的区域被认为在北纬32°以北地区。按照建筑气候区划，属于严寒地区和寒冷地区的18个省、区、市（表3－1），其核心区被认为在北纬34～43°地区。具体可划分为东北温带、黄淮海及环渤海暖温带、西北温带干旱及青藏高寒3个日光温室蔬菜重点区的9个亚区（表3－2）。其中，最适宜地区是黄淮海及环渤海地区，特别是山东北部、华北中北部（除大城市周边）、东北西南部、西北的东北部地区冬半年日照百分率在60%左右，最低温度在－25～－10℃，空气湿度较低，是我国北方最好的冬季日光温室蔬菜生产基地。

表3－1 按建筑热工气候分区的日光温室蔬菜重点分布区

分区	主要指标	辅助指标	地区分布
严寒地区	最冷月均温≤－10℃	日平均温度≤5℃的日数≥145天	黑龙江、吉林、辽宁、内蒙古、山西、河北、北京、天津、陕西、新疆、甘肃
寒冷地区	最冷月均温－10～0℃	日平均温度≤5℃的日数90～145天	宁夏、河南、山东、安徽中北部、江苏北部、青海、西藏

表 3-2　按气候类型分区的日光温室蔬菜重点分布区

设施蔬菜区域布局		冬季日照百分率（%）	五年一遇极端低温（℃）	主要地域
重点区域划分	亚区划分			
东北温带日光温室蔬菜区	东北温带亚区	56~80	≥-30	辽宁北部、吉林东南部和内蒙古东南部
	东北冷温带亚区	65~82	≥-35	内蒙古东中部、吉林西北部和黑龙江南部
	东北寒温带亚区	60~68	≥-40	内蒙古东北部和黑龙江中部
黄淮海及环渤海暖温带日光温室蔬菜区	环渤海温带亚区	55~65	≥-25	辽宁西南部、北京、天津、河北中北部
	黄河中下游暖温带亚区	50~60	≥-20	河北南部、山东、河南北部、山西
	淮河流域暖温带亚区	45~55	≥-12	河南中南部、苏北、安徽中北部
西北温带干旱及青藏高寒日光温室蔬菜区	青藏高原寒温带亚区	70~90	-25~-20	西藏中部、青海东部
	新疆冷温带亚区	68~92	-30~-20	新疆中南部
	黄土高原温带亚区	55~75	-25~-20	陕西、甘肃、宁夏、内蒙古中部

三、优型日光温室结构参数

　　按照日光温室合理采光、保温和蓄热的理论与方法，可确定不同地理纬度地区优型日光温室的跨度、脊高、后墙高、后坡长、后墙和后坡保温厚度、后墙的蓄热厚度等参数指标。其中，按照冬至日采光区段合理透光率设计日光温室合理屋面角度，形成了第二代节能型日光温室；按照冬至日合理太阳能截获设计日光温室合理屋面角度，形成了第三代节能型日光温室。

　　新建日光温室应按第三代节能日光温室结构参数建造；原有日光温室符合第二代节能日光温室结构参数的可继续保留应用；原有日光温室屋面角度小于第二代节能日光温室的应逐步改造。

（一）第三代节能日光温室

按照合理太阳能截获的优型日光温室结构设计理论与方法，计算出了北纬34°～46°地区优型日光温室断面结构参数（表3－3）。这种温室在寒冷地区冬季夜间可实现室内外温差35℃，在最低气温－28℃地区冬季不加温可进行果菜类蔬菜生产。

（二）第二代节能日光温室

按照冬至日合理采光区段的优型日光温室结构设计理论与方法，计算出了北纬34°～44°地区优型日光温室断面结构参数（表3－4）。这种温室自1996年以来一直推广应用，在寒冷地区冬季夜间可实现室内外温差30℃，在最低气温－25℃地区可进行蔬菜生产。

第二节　高效茬口任你选择

日光温室蔬菜栽培就是在外界环境不适宜蔬菜生长发育的季节或地区，人为在日光温室内创造适宜蔬菜生长发育的环境，进行蔬菜栽培的一种方式。不同纬度地区、不同蔬菜种类及温室结构类型的栽培模式与技术不同。按照高效利用自然资源和日光温室性能、满足蔬菜生物学特性及生长发育规律、提高市场需求为导向的经济效益、促进专业化和规模化与产业化发展、有利于合理利用土壤肥力及减少病虫害发生等可持续发展的五大原则，制定不同茬口日光温室蔬菜高产优质高效栽培技术模式。

一、一年一大茬长季节栽培

日光温室蔬菜一年一大茬栽培分为一年一大茬越冬长季节栽培模式和一年一大茬越夏长季节栽培模式两种。

（一）越冬长季节栽培模式

越冬长季节栽培模式，一般是在夏末或秋季育苗和定植，初花期在初冬季节，深冬开始采收上市，到翌年夏季结束，采收期跨越冬、春、夏3个季节，整个生育期长达10个月左右。该模式适宜在北纬

表3-3 第三代节能日光温室断面结构参数

地理纬度 (°)	跨度 (m)	脊高 (m)	后墙高 (m)	后屋面水平投影 (m)	冬至日太阳能合理截获表的最小前屋面角 (°)	墙体、后坡、前屋面保温厚度
44~46	6.0	3.9~4.2	2.6	1.4~1.6	40.4~43.6	1. 墙体：490mm 黏土砖＋外侧贴120~150mm聚苯板；或土墙基部墙宽4~5m，顶部墙宽2.0~3.0m 2. 后坡：一层板材，上加120~150mm聚苯板，上用炉渣和水泥沙浆抹好，做好防水 3. 前屋面保温厚度：6cm厚稻草苫覆盖两层
	7.0	4.5~4.8	2.9	1.7~2.0		
	8.0	5.2~5.5	3.2	2.0~2.3		
	9.0	5.8~6.1	3.5	2.3~2.6		
42~44	7.0	4.3~4.5	2.8	1.5~1.7	38.7~40.4	
	8.0	5.0~5.2	3.2	1.7~2.0		
	9.0	5.5~5.8	3.5	2.0~2.3		
	10.0	6.1~6.4	3.8	2.3~2.6		
40~42	7.0	4.1~4.3	2.7	1.4~1.5	37.0~38.7	1. 墙体：370mm 黏土砖＋外侧墙110~120mm聚苯板；或土墙基部墙宽3~4m，顶部墙宽1.5~2.0m 2. 后坡：一层板材，上用炉渣和水泥沙120mm聚苯板，做好防水 3. 前屋面保温厚度：5cm厚稻草苫覆盖两层
	8.0	4.8~5.0	3.3	1.5~1.7		
	9.0	5.3~5.5	3.5	1.8~2.0		
	10.0	5.9~6.1	3.8	2.1~2.3		
38~40	7.0	3.9~4.1	2.6	1.4~1.4	35.4~37.0	
	8.0	4.6~4.8	3.1	1.5~1.5		
	9.0	5.2~5.3	3.6	1.6~1.8		
	10.0	5.8~5.9	3.9	1.8~2.1		
	12.0	6.8~7.0	4.2	2.3~2.6		
36~38	8.0	4.5~4.6	3.2	1.1~1.5	33.4~35.4	1. 墙体：370mm 黏土砖＋外侧贴80~100mm聚苯板；或土墙基部墙宽3m，顶部墙宽1.5~1.8m 2. 后坡：一层板材，上加80~100mm聚苯板，上用炉渣和水泥沙浆抹好，做好防水 3. 前屋面保温厚度：6cm厚稻草苫覆盖一层
	9.0	5.0~5.2	3.3	1.4~1.6		
	10.0	5.6~5.8	3.9	1.5~1.7		
	12.0	6.6~6.8	4.0	2.0~2.3		
34~36	9.0	4.9~5.0	3.2	1.3~1.4	32.5~33.4	
	10.0	5.4~5.6	3.5	1.4~1.5		
	12.0	6.4~6.6	3.8	1.8~2.0		

表 3-4　第二代节能日光温室断面结构参数

地理纬度（°）	跨度（m）	脊高（m）	后墙高（m）	后屋面水平投影（m）	冬至日10：00合理透光（入射角为45°）的最小前屋面角（°）	墙体厚度
42~44	7.0	3.5~3.7	2.2	1.4~1.6	30.6~32.7	1. 墙体：370mm黏土砖＋外侧贴120mm聚苯板；或土墙基部墙宽4~5m，顶部墙宽2.0~2.5m 2. 后坡：一层板材，上加120mm聚苯板，上用炉渣和水泥沙浆抹好，做好防水 3. 前屋面保温厚度：6cm厚稻草苫覆盖 两层
	7.5	3.7~3.9	2.4	1.5~1.7		
	8.0	4.0~4.2	2.8	1.6~1.8		
	9.0	4.5~4.7	3.1	1.8~2.0		
	10.0	5.0~5.2	3.4	2.0~2.2		
	12.0	6.0~6.2	3.7	2.4~2.6		
40~42	7.0	3.3~3.5	2.0	1.2~1.4	28.5~30.6	1. 墙体：370mm黏土砖＋外侧墙100~120mm聚苯板；或土墙基部墙宽3~4m，顶部墙宽1.5~2.0m 2. 后坡：一层板材，上加100~120mm聚苯板，做好防水 3. 前屋面保温厚度：5cm厚稻草苫覆盖 两层
	7.5	3.5~3.7	2.3	1.3~1.5		
	8.0	3.8~4.0	2.6	1.4~1.6		
	9.0	4.3~4.5	2.9	1.6~1.8		
	10.0	4.8~5.0	3.2	1.8~2.0		
	12.0	5.8~6.0	3.8	2.2~2.4		
38~40	7.5	3.3~3.5	2.1	1.1~1.3	26.4~28.5	防水 3. 前屋面保温厚度：5cm厚稻草苫覆盖 两层
	8.0	3.6~3.8	2.3	1.2~1.4		
	9.0	4.1~4.3	2.6	1.4~1.6		
	10.0	4.6~4.8	2.9	1.6~1.8		
	12.0	5.6~5.8	3.5	2.0~2.2		
36~38	8.0	3.4~3.6	2.0	1.0~1.2	24.3~26.4	1. 砖墙：370mm黏土砖＋外侧贴80~100mm聚苯板；或土墙基部墙宽3m，顶部墙宽1.5~1.8m 2. 后坡：一层板材，上加80~100mm聚苯板，做好防水 3. 前屋面保温厚度：6cm厚稻草苫覆盖 一层
	9.0	3.9~4.1	2.3	1.2~1.4		
	10.0	4.4~4.6	2.6	1.4~1.6		
	12.0	5.4~5.6	2.9	1.8~2.0		
34~36	9.0	3.7~3.9	2.1	1.0~1.2	22.3~24.3	1. 砖墙：370mm黏土砖＋外侧贴80~100mm聚苯板；或土墙基部墙宽3m，顶部墙宽1.5~1.8m 2. 后坡：一层板材，上加80~100mm聚苯板，做好防水 3. 前屋面保温厚度：6cm厚稻草苫覆盖 一层
	10.0	4.2~4.4	2.5	1.2~1.4		
	12.0	5.2~5.4	2.8	1.6~1.8		

32~43°地区冬半年日照百分率大于55%、日光温室内最低温度可达10℃以上的地区实施，主要适于种植番茄、茄子、辣椒、黄瓜、角瓜等茄果类和瓜类蔬菜（表3-5），其产品主要供应我国长江流域及其以北的北方地区。

（二）越夏长季节栽培模式

越夏长季节栽培模式，一般是在寒冬季节育苗和定植，其苗期在最寒冷的隆冬度过，对育苗温室的条件要求较高。一般3月开始采收上市，采收期跨越春、夏、秋3个季节，收获期长达7个月时间，整个生育期长达8个月以上。主要适于番茄和黄瓜等果菜类蔬菜栽培（表3-6）。这种模式相对生产成本较低，管理简便，适宜在高原或北纬38°以北夏季气温温和地方生产，其产品主要供应我国长江以南地区。

二、一年两茬周年全季节栽培

日光温室蔬菜一年两茬的短季节栽培模式在我国北方比较普遍。这种栽培模式植株生育期较短，栽培比较灵活，肥水管理也比较简便。但需要育苗和定植两次，比较费工。目前，日光温室蔬菜一年两茬周年全季节栽培模式主要有秋冬茬+冬春茬、越冬茬+越夏茬两种类型。

（一）秋冬茬+冬春茬栽培类型

这种栽培类型从每年的秋季开始，到来年的夏初结束，使蔬菜的苗期避开了严寒的冬季，同时，又避开了夏季7—8月露地蔬菜供应的旺季，生产的安全性强，产品的销售市场稳定，产量和经济效益比较好。因此，这种生产模式应用较为广泛。主要分为两茬茄果类蔬菜全季节栽培模式、两茬瓜类蔬菜全季节栽培模式、瓜类+茄果类蔬菜全季节栽培模式、茄果类+瓜类蔬菜全季节栽培模式及其他种类蔬菜一年两茬全季节栽培模式，具体模式，见表3-7到表3-11。

（二）越冬茬+越夏茬栽培类型

北方地区日光温室蔬菜越冬茬栽培主要是满足北方地区元旦到春

表3-5 日光温室越冬长季节种植模式

项目	蔬菜种类	8月(旬)上	8月(旬)中	8月(旬)下	9月(旬)上	9月(旬)中	9月(旬)下	10月(旬)上	10月(旬)中	10月(旬)下	11月(旬)上	11月(旬)中	11月(旬)下	12月	1月	2月	3月	4月	5月	6月(旬)上	6月(旬)中	6月(旬)下	7月(旬)上	7月(旬)中	7月(旬)下
生育时期	番茄	育苗	育苗		定植		植株及果实生长期	植株及果实生长期	植株及果实生长期	植株及果实生长期	植株及果实生长期	植株及果实生长期	植株及果实生长期	收获期	收获期	收获期	收获期	收获期	收获期						休闲期
	黄瓜		休闲期	休闲期	育苗	育苗	定植	植株及果实生长期	植株及果实生长期	植株及果实生长期	植株及果实生长期	植株及果实生长期	植株及果实生长期	收获期	收获期	收获期	收获期	收获期	收获期						休闲期
	茄子			育苗	育苗	定植	定植	植株及果实生长期	植株及果实生长期	植株及果实生长期												育苗	育苗	育苗	育苗
	辣椒			育苗	育苗	定植	定植	植株及果实生长期	植株及果实生长期	植株及果实生长期	收获期	收获期	收获期	收获期	收获期	收获期						休闲期	休闲期	休闲期	休闲期
	角瓜		休闲期	休闲期	育苗	定植	定植	植株及果实生长期	植株及果实生长期	植株及果实生长期	收获期	收获期	收获期	收获期	收获期	收获期						休闲期	休闲期	休闲期	休闲期
适宜地区品种选择及产量	番茄	适宜河北中部、山西、内蒙古东南部、辽宁、山东、陕西北部、甘肃东部、宁夏等地。选用无限生长型、连续坐果能力强、耐低温弱光、抗病性强的品种。年亩产量可达1.8万~2.0万kg以上，高产典型可达2.5万kg																							
	黄瓜	适宜河北、山西、内蒙古东南部、辽宁、江苏北部、安徽北部、山东、河南北部、陕西北部、甘肃东部、宁夏等地。选择耐低温弱光、连续结瓜能力强、商品性好的品种。年亩产量达1.6万~2.1万kg，高产典型可达3.0万kg																							
	茄子	适宜河北北部、山西、内蒙古东南部、辽宁、陕西北部、宁夏等地。选用耐低温弱光、连续坐果能力强、抗病、商品性好的品种。年亩产量2.2万kg，高产典型可达2.5万kg																							
	辣椒	适宜河北南部、山西、内蒙古东南部、辽宁、江苏北部、安徽北部、山东、河南北部、陕西北部、甘肃东部、宁夏等地。主要分为青椒和尖椒两类，需要选择耐低温弱光、花多、结果能力强的品种。年亩产量可达1.4万kg																							
	西葫芦	适宜河北、山西、内蒙古东南部、辽宁、江苏北部、安徽北部、山东、河南北部、陕西北部、甘肃东部、宁夏等地。选择耐低温弱光、结果能力强的品种。年亩产量可达2.0万kg，高产典型可达2.5万kg																							

（续表）

项目	蔬菜种类	8月（旬） 上 中 下 · 9月（旬） 上 中 下 · 10月（旬） 上 中 下 · 11月（旬） 上 中 下 · 12月 · 1月 · 2月 · 3月 · 4月 · 5月 · 6月（旬） 上 中 下 · 7月（旬） 上 中 下
种植方式与植株调整要点	番茄	地膜覆盖宽窄行垄上栽培，宽行100cm，窄行50cm，亩定植2 000株左右，需吊蔓整枝，整枝方式主要有两种：一是单干整枝，连续落秧，全株可连续留12～13果穗，中等果形一般每穗留4～5个果；二是低位双干整枝，当单干整枝连续留6～7穗果后，再从植株的地面附近引出一个侧枝，合计可以留13穗果。因冬季老叶发育不良，可采用环境友好型坐果激素保花保果。果实采收期保持植株叶片20片左右，底部叶片及时摘除。植株长至2m左右落蔓至1.6m左右
	黄瓜	地膜覆盖宽窄行垄上栽培，宽行100cm，窄行50cm，亩定植3 500株左右，需吊蔓整枝，整枝方式为单干整枝，植株叶片60片左右摘心，结瓜35～40条。结果盛期保持植株叶片15片左右，底部叶片及时摘除。植株长至2m左右需落蔓至1.6m左右
	茄子	地膜覆盖宽窄行垄上栽培，宽行100cm，窄行50cm，亩定植1 600株左右，需吊蔓整枝，整枝方式为单干整枝，植株主干叶片45片左右摘心，主干留15～18个果，每个叶腋再留果实，叶腋果实共计15～18个，整株果实共计留30～35个果实，因冬季花粉发育不良，可采用环境友好型坐果保花保果。果实采收期保持植株叶片15片左右，底部叶片及时摘除
	辣椒	地膜覆盖宽窄行垄上栽培，宽行100cm，窄行50cm，亩定植2 000株左右，需吊蔓整枝，整枝方式为双干整枝，每个叶腋再留果实，每个干的叶腋再留果实，植株主干叶片45片左右摘心，双干共计留15～20个，双干共计留60～80个果实。果实采收期保持植株叶片20片左右，底部叶片及时摘除
	西葫芦	地膜覆盖大垄栽培，行距80cm，株距大垄栽培，亩定植1 000株左右，不需吊蔓整枝，植株无限生长，不摘心，每株留13个瓜左右。因冬季花粉发育不良，整枝方式为单干整枝，可采用环境友好型坐果保花保果，花粉充足时可进行人工授粉促进坐果。果实采收期保持植株叶片20片左右，收期及时摘除底部老叶

（续表）

项目	蔬菜种类	8月(旬) 上 中 下	9月(旬) 上 中 下	10月(旬) 上 中 下	11月(旬) 上 中 下	12月	1月	2月	3月	4月	5月	6月(旬) 上 中 下	7月(旬) 上 中 下
土水肥管理注意要点		采用膜下灌水，土壤绝对含水量保持在20%左右（低温季节）至25%左右（高温季节）。定植后3～5天灌一次缓苗水，之后整水腾水应浇小水，但因9月初定植温度较高，此时如地温高于25℃，应适当浇小水，降低地温；补充植株水分；当植株开始结果时求求水腾苗，开始灌坐果水。根据坐果水应根据根据植株长势，叶色温度及光照情况灵活掌握追肥。植株根系吸收能力弱，要减少灌水次数，提高灌水温度，增施叶面肥11月至翌年2月，温室内气温和地温较低，开始追肥											
环境管理注意要点		12月至翌年2月是一年中最寒冷季节，要加强增光，蓄热，保温。每天在温室内许许条件下尽量早揭和晚盖保温盖覆物，争取多进阳光，同时，揭开覆盖物后应擦拭棚膜灰尘，保证棚膜透明率高。晴天上午温室气温达到30℃以上，用顶部放风，降低温室湿度，减少病害发生。温室降至20℃时关闭顶部通风口，阴天上午温室气温达到20℃时进行短时间顶部通风排湿，但要尽量保证温度不低于16℃											
病虫害防治要点		按照"预防为主，综合防治"的植保方针，坚持以"农业防治，物理防治，生物防治为主，化学防治为辅"的无害化治理原则。农业防治主要包括：针对当地主要病虫害防治对象，选用高抗与多抗的品种，清洁田园，通风透光，降低湿度，控制温度等方式。生物防治主要包括：设置防虫网，悬挂色板，土壤消毒等方式。物理防治主要包括：采用闷阳晒种科学选择药剂，农用链霉素，新植霉素等生物农药防治病虫害。化学防治主要包括：农抗120，印楝素，苦参碱，烟剂，轮换用药，对症用药，及时用药，连续用药，彻底根治，禁止使用高毒高残留农药据各病虫害发生种类科学选择药剂，优先使用生物农药预防，病虫害未发生时使用保护性药剂预防，用药间隔期相对延长，及早发现病虫害，及时用药，对症用药，彻底根治，禁止使用高毒高残留农药											

表3-6 日光温室夏季越长季节栽培模式图

项目	蔬菜种类	12月上	12月中	12月下	1月上	1月中	1月下	2月上	2月中	2月下	3月上	3月中	3月下	4月上	4月中	4月下	5月	6月	7月	8月	9月	10月	11月上	11月中	11月下
生育时期	番茄	休闲期	休闲期	育苗	育苗	育苗	育苗	定植	定植	植株及果实生长期	植株及果实生长期	植株及果实生长期	植株及果实生长期	植株及果实生长期	植株及果实生长期	植株及果实生长期	收获期	收获期	收获期	收获期			休闲期	休闲期	休闲期
生育时期	黄瓜	休闲期	休闲期	育苗	育苗	育苗	育苗	定植	定植	生长期	生长期	生长期	收获期	收获期	收获期	收获期	收获期	收获期	收获期	收获期			休闲期	休闲期	休闲期

适宜地区、品种选择及产量

番茄：适宜河北中北部、内蒙古东南部、东北、甘肃、青海、宁夏、新疆等地区。选用无限生长类型、连续坐果能力强、耐高温强光、高产典型的品种。亩产1.8万kg左右，高产典型可达2.5万kg

黄瓜：适用河北、内蒙古东南部、东北、甘肃、青海、宁夏、新疆等地区。选用生长势强、节成性好、连续结瓜能力强、耐高温强光、耐储运、抗病性强的品种。年亩产量可达1.8万kg，高产典型可达2.0万kg

种植方式与植株调整要点

番茄：地膜覆盖，大垄双行，大行距90cm，小行距50cm，每亩定植1900~2100株。连续落秧，全株可连续留12~13果穗，中等果形一般每穗留4~5个果，再留6穗果，合计可以留13穗果。坐果后，再从植株的地面附近引出一个侧枝。果实采收期保持植株叶片20片左右，底部叶片及时摘除。需吊蔓整枝，整枝方式有两种：一是单干整枝，二是低位双干整枝连续留6~7穗果后，可采用高温粉花的发育不良，可采用环境友好型坐果激素保花保果。植株长至2m左右落蔓至1.6m

黄瓜：地膜覆盖宽窄行栽培，宽行90cm，窄行60cm，亩定植3500株左右。需吊蔓整枝，整枝方式为单干整枝，植株保持植株叶片15片及时摘除，植株叶片60片左右。结果盛期保持植株叶片15片及时摘除，底部叶片1.6m左右。结瓜35~40条。植株长至2m左右需落蔓至2m左右需落蔓至

（续表）

项目	蔬菜种类	12月（旬） 上 中 下	1月（旬） 上 中 下	2月（旬） 上 中 下	3月（旬） 上 中 下	4月（旬） 上 中 下	5月	6月	7月	8月	9月	10月	11月（旬） 上 中 下
土水肥管理注意要点		采用膜下灌水。定植时浇定植水，定植后3～5天灌一次缓苗水要浇足浇透，之后控水不旱不浇水，底瓜（果）开始膨大时结合施肥，整个生长发育前期低温对含水量保持在20%左右。根据植株需要追施氮磷钾复合肥，追肥灌水应根据植株长势、叶色，温度及光照情况灵活掌握。生长发育中期高温季节土壤绝对含水量保持在25%左右，温度及光照情况灵活掌握。可适当增施叶面肥											
环境管理注意要点		定植前期，气温较低，要加强增光、蓄热、保温，每天在温度允许条件下应尽量早揭和晚盖保温覆盖物，争取多进阳光，同时，揭开覆盖物后应擦拭棚膜灰尘，保证棚膜持续透明。6～9月的高温季节，昼夜放风，昼夜遮阴，垄沟大水漫灌等措施降低温室内温度											
病虫害防治要点		按照"预防为主，综合防治"的植保方针，坚持以"农业防治、物理防治，生物防治为主，化学防治为辅"的无害化治理原则。农业防治主要包括：针对当地主要病虫控制对象，选用高抗与多抗的品种，创造不利于植株生长的环境条件：有利于植株健壮生长的环境包括：设置防虫网，清洁田园，悬挂色板、土壤消毒等方式。生物防治主要包括：采用浏阳霉素，农抗120，印楝素，苦参碱，烟剂，轮换用药，连续用药，对症用药，及时用药，及早发现病虫害，及早发现病虫害，对症用药，彻底根治，彻底清除。新植霉素等生物农药防治根部病害。化学防治同隔期相对延长，病虫害未发生时使用保护性药剂预防，用药同隔期相对隔离，禁止使用高毒高残留农药											

表 3-7　日光温室两茬茄果类蔬菜全季节栽培模式

项目	蔬菜茬口	蔬菜种类	7月(旬)	8月(旬)	9月	10月(旬)	11月(旬)	12月(旬)	1月(旬)	2月(旬)	3月	4月(旬)	5月	6月(旬)
生育时期	秋冬茬	番茄	育苗	定植	植株及果实生长期（秋冬茬）	植株及果实生长期（秋冬茬）	收获期	收获期						
	冬春茬	番茄							育苗	定植	植株及果实生长期（冬春茬）	植株及果实生长期（冬春茬）·收获期	收获期	收获期/育苗
	秋冬茬	辣椒	育苗	定植	植株及果实生长期（秋冬茬）	植株及果实生长期（秋冬茬）	收获期	收获期						
	冬春茬	番茄							育苗	定植	植株及果实生长期（冬春茬）	植株及果实生长期（冬春茬）·收获期	收获期	收获期/育苗
	秋冬茬	辣椒	育苗	定植	植株及果实生长期（秋冬茬）	植株及果实生长期（秋冬茬）	收获期	收获期						
	冬春茬	茄子							育苗	定植	植株及果实生长期（冬春茬）	植株及果实生长期（冬春茬）·收获期	收获期	收获期

适宜地区、品种选择及产量：

- 秋冬茬番茄：适宜日光温室蔬菜发展的所有区域，秋冬茬选用植株长势旺盛、耐高温、耐光辐度宽、连续坐果能力强、抗病毒病、耐储运、产量高的品种，两茬番茄亩产量总计可达 1.7 万 kg，高产典型可达 2.5 万 kg。
- 冬春茬番茄：冬春茬选择耐低温弱光、连续坐果能力强、产量高的品种。
- 秋冬茬辣椒：适宜日光温室蔬菜发展的所有区域，秋冬茬辣椒品种应选用植株长势旺盛、耐高温强光、连续坐果能力强、抗病、商品性好的品种，亩产可达 0.8 万 kg。
- 冬春茬番茄：冬春茬番茄品种选择耐低温弱光、连续坐果能力强、商品性好、抗病、产量高的品种，亩产可达 1.2 万 kg，高产典型可达 0.6 万 kg。
- 秋冬茬辣椒：适宜日光温室蔬菜发展的所有区域，秋冬茬辣椒品种选用植株长势旺盛、耐高温强光、连续坐果能力强、抗病、耐储运、产量高的品种，亩产可达 0.6 万 kg，高产典型可达 1.5 万 kg。
- 冬春茬茄子：适宜日光温室茄子品种和应选择耐低温弱光、连续坐果能力弱光、抗病性好、耐储运、产量高、口感好的品种，亩产可达 1.2 万 kg，高产典型可达 1.5 万 kg。

（续表）

项目	蔬菜茬口	蔬菜种类	7月（旬）			8月（旬）			9月	10月（旬）			11月（旬）			12月（旬）			1月（旬）			2月（旬）			3月	4月（旬）			5月	6月（旬）		
			上	中	下	上	中	下	月	上	中	下	上	中	下	上	中	下	上	中	下	上	中	下	月	上	中	下	月	上	中	下
种植方式与植株调整要点	秋冬茬	番茄番茄	秋冬茬番茄采用单干定植，行距1.0m，每亩定植2000~2200株。整枝方式为单干整枝，每株5~7穗果。若采取单干栽，采用熊蜂授粉和振荡器授粉，采用振荡器授粉或																													
	冬春茬		冬春茬番茄采用单行定植，在环境条件不好时，可使用环境友好型植物生长调节剂保花保果，植物生长调节剂保花保果，及时摘除底部老叶病叶。行距1.0m，每亩定植2000~2200株。整枝方式为单干整枝，每穗留4~5个果，采用振荡器授粉。																													
	秋冬茬	辣椒番茄	秋冬茬辣椒采用地膜覆盖大垄宽窄行栽培，行距0.9~1.0m，可采取四干整枝方式。宽行100cm，窄行50cm，每亩定植2200~2400株。整枝方式为单干整枝，每穗5~7穗果。采用振荡器授粉																													
	冬春茬		冬春茬番茄采用单行调节剂保花保果方式。行距1.0m，每亩定植2000~2200株。整枝方式为单干整枝，每株5~7穗果。及时摘除底部老叶病叶																													
	秋冬茬	辣椒茄子	秋冬茬辣椒采用地膜覆盖大垄宽窄行栽培，行距1.0m，可采取四干整枝方式。宽行100cm，窄行50cm，因冬季光照发育不良，可采用环境友好型坐果激素保花保果，底部叶片及时摘除。每亩定植2200~2400株。整枝方式为双干整枝，如果单干整枝掌茎。																													
	冬春茬		冬春茬茄子采用地膜覆盖大垄宽窄行栽培，行距1.0m，可采取四干整枝。宽行100cm，窄行50cm，每亩定植1800~2000株。整枝方式为双干整枝。若采取单干蔓单行栽培，冬季茄子采用地膜覆盖大垄宽窄行栽培，每亩定植1600~1800株。																													
土水肥管理注意要点			采用膜下灌水，秋冬茬后期和冬春茬前期采用小水勤灌瘠温，同时调节空气湿度。定植前期要求苗期土壤绝对含水量保持在25%左右。秋冬茬前期和冬春茬后期土壤对含水量保持在20%左右。气温较高，因地制宜，适宜浇小水，补充株水分，降低地温。当追3~5天灌一次膜下水，之后控水蹲苗。高温期间苗，秋末开始结束坐果期蹲苗。开始坐果，根据植株需求变旺盛需氮磷钾复合肥，追灌水应根据根据植株生长势，叶色，提高灌水次数，增加畦面施肥次数																													
环境管理注意要点	秋冬茬		育苗期重点是降温，主要采取遮光降温，喷水降温等措施。定植前期要采用小水勤瘠温。气温高于12℃时，可夜间底风和顶风口，当天上午气温达到30℃以上，应及时加强通风。10月以后，随着室内外气温逐渐降低，取多少通风次数，要减少灌水次数，提高灌水温度，保证覆盖膜内透明。保证棚膜持续透明。阴天上午温室气温达到20℃时将顶部扒缝放风或短时将顶部揭开进行短时间通风排湿。并尽量保证温度不低于16℃ 定植前期要采用小水勤瘠温。定植前期要采用小水勤瘠温，同时调节空气湿度。室外最低气温降到12℃稍高于8℃时，夜间关闭风口可夜间关闭风口放顶风。减少苗害发生，气温降至20℃应尽量早揭和晚盖保温物，争当室外最低气温降到20℃时关闭顶部通风口。定植当室外最低气温降到8℃时，避免病毒病发生。室外最低																													
	冬春茬		育苗期和定植前应注意光，蓄热，保温；定植后期随着气温回升，注意温室的通风，保温；定植后期随着气温回升，注意温室的通风，降温，降湿																													

（续表）

项目	蔬菜种类	7月（旬）上 中 下	8月（旬）上 中 下	9月	10月（旬）上 中 下	11月（旬）上 中 下	12月（旬）上 中 下	1月（旬）上 中 下	2月（旬）上 中 下	3月	4月（旬）上 中 下	5月	6月（旬）上 中 下
病虫害防治要点		按照"预防为主，综合防治"的植保方针，坚持以"农业防治、生物防治、物理防治为主，化学防治为辅"的无害化治理原则。农业防治主要包括：针对当地主要病虫害加以控制对象，选用高抗多抗的品种，清洁田园，控制温度，通风透光，降低湿度，创造不利于病虫害、有利于植株健壮生长的环境条件。物理防治主要包括：设置防虫网，悬挂色板，土壤消毒等方式。生物防治主要选择药剂：农抗120，印棟素、苦参碱、农用链霉素、新植霉素等生物源各病虫害。化学防治根据各病虫害发生种类科学选择药剂，优先使用阴粉虱、烟剂，轮换用药。病虫害未发生时使用保护性药剂预防，用药间隔期相对延长，及早发现病虫害，及时用药，对症用药，连续用药，彻底根治，禁止使用高残留农药											

表3-8 日光温室两茬瓜果类蔬菜全季节栽培模式

项目	蔬菜种类	生育时期	7月（旬）上 中 下	8月（旬）上 中 下	9月	10月（旬）上 中 下	11月（旬）上 中 下	12月（旬）上 中 下	1月（旬）上 中 下	2月（旬）上 中 下	3月	4月（旬）上 中 下	5月	6月
	黄瓜	秋冬茬	休闲期	育苗　定植	植株及果实生长期（秋冬茬）		收获期							
	黄瓜	冬春茬						育苗	定植	植株及果实生长期（冬春茬）			收获期	
	甜瓜	秋冬茬	休闲期	育苗　定植	植株及果实生长期（秋冬茬）		收获期							
	甜瓜	冬春茬						育苗	定植	植株及果实生长期（冬春茬）			收获期	

182

（续表）

项目	蔬菜茬口	蔬菜种类	7月（旬）上中下	8月（旬）上中下	9月（旬）上中下	10月（旬）上中下	11月（旬）上中下	12月（旬）上中下	1月（旬）上中下	2月（旬）上中下	3月（旬）上中下	4月（旬）上中下	5月（旬）上中下	6月（旬）上中下
适宜地区、品种选择及产量	秋冬茬	黄瓜	适宜日光温室发展的所有地区。秋冬茬品种选用无限生长型，连续坐瓜能力强，耐高温强光，耐储运，抗病性强的品种。亩产量可达0.8万kg，高产典型可达1.0万kg											
	冬春茬	黄瓜	冬春茬品种选用无限生长型，雌花节成性好，连续坐果能力强，抗病性强，耐储运，耐低温弱光的品种。亩产可达1.1万kg左右，高产典型可达1.4万kg											
	秋冬茬	甜瓜	适宜华北、东北、西北南部等地区。秋冬茬甜瓜品种应选用无限生长型，连续坐瓜能力强，耐高温强光，抗病性强，植株长势强健的品种。亩产量可达0.8万kg，高产典型可达1.0万kg											
	冬春茬	甜瓜	冬春茬甜瓜品种应选用早熟，植株长势强健，抗病性强，耐低温弱光，不早衰，商品性佳的品种。亩产0.3万kg，高产典型可达0.4万kg											
	秋冬茬 / 冬春茬	甜瓜	适宜华北、东北、西北等地区。品种应选用早熟，植株长势强健，抗病性强，耐低温弱光，不早衰，耐储藏运输，口感好，商品性佳的品种。两茬甜瓜亩产可达0.5万kg左右，高产典型可达0.7万kg											
种植方式与植株调整要点	秋冬茬 / 冬春茬	黄瓜	秋冬茬和冬春茬黄瓜均采用地膜覆盖大垄宽窄双行栽培，大垄宽窄行株特株距1.6~1.3m范围内，提倡勤落秧，功能叶片13~15片，底部叶片及时摘除。宽行100cm，窄行50cm，每亩定植3 800~4 000株。整枝方式单干吊蔓整枝，落蔓栽培，提倡勤落秧。											
	秋冬茬 / 冬春茬	甜瓜	秋冬茬和冬春茬甜瓜均采用地膜覆盖大垄宽窄双行栽培，大垄宽窄行株特株距1.6~1.3m范围内，提倡勤落秧，功能叶片13~15片，底部叶片及时摘除。宽行100cm，窄行50cm，每亩定植2 000~2 200株。甜瓜多采用吊蔓栽培。											
	秋冬茬 / 冬春茬	甜瓜	秋冬茬和冬春茬甜瓜整枝方式为单蔓整枝或双蔓整枝。单蔓整枝即单蔓整枝也摘除。甜瓜多采用吊蔓栽培。单株甜瓜4个，单株留瓜以上15节子蔓摘心，主蔓20~25节真叶时进行母蔓定心，然后选留两条健壮子蔓，双蔓整枝的整枝方法为双蔓整枝。双蔓整枝即上子蔓整枝，选留中部10~15节的子蔓，第二节留瓜，第二节留瓜选留2个以上结果预备蔓，从中选留1个瓜											

（续表）

项目	蔬菜种类 茬口	7月（旬）上 中 下	8月（旬）上 中 下	9月（旬）上 中 下	10月（旬）上 中 下	11月（旬）上 中 下	12月（旬）上 中 下	1月（旬）上 中 下	2月（旬）上 中 下	3月 上 中 下	4月（旬）上 中 下	5月（旬）上 中 下	6月
土水肥管理注意要点		采用膜下灌水，定植后3～5天灌一次缓苗水，之后控水蹲苗，但高温期蹲苗，由于地温、气温较高，植株失水较多，应当浇小水，补充植株水分。降低地温。当植株开始结果时结束蹲苗，开始催坐果。黄瓜在高温季节土壤对含水量保持在25%左右，低温季节土壤绝对含水量保持在18%～20%左右。根据植株需要追施氮磷钾复合肥，追肥左右。甜瓜在生育前期土壤绝对含水量保持在20%～25%，果实进入成熟期土壤绝对含水量保持在18%～20%。提高灌水温度，增加叶面施肥次数。灌水应根据植株长势、叶色，温度及光照情况灵活掌握。冬季换结温度低，要减少灌水次数，并尽量保证灌水温度，增加叶面施肥次数											
环境管理注意要点	秋冬茬	高温季节注意放风降温。进入10月以后，随着室内外气温逐渐降温，应及时加强增光、蓄热、保温，每天在封闭条件下应尽量早揭和晚盖草苫覆盖物，争取多进阳光，同时，揭开覆盖物后应擦拭棚膜灰尘，保证棚膜持续透明。晴天上午温室气温达到30℃以上，用顶部放风，降低棚室湿度，减少病害发生。气温降至20℃必须关闭顶部通风口。阴天上午温室气温达到20℃时将进行短时顶部开一条缝隙放风排湿，并尽量保证温度不低于16℃											
	冬春茬	前期注意增光、蓄热、保温，后期随着气温回升，注意温室的通风，降温、降湿											
病虫害防治要点		按照"预防为主，综合防治"的植保方针，坚持以"农业防治、物理防治、生物防治为主，化学防治为辅"的无害化治理原则。农业防治主要包括：针对当地主要害虫控制对象，选用抗病多抗的品种，有利于植株健壮生长的环境条件；物理防治主要包括：设置防虫网、悬挂色板、清洁田园、通风透光，控制温度，创造不利于病虫害的环境条件。生物防治主要包括：采用阿维菌素、农抗120、印楝素、苦参碱、农用硫磺、新植霉素等生物药剂防治病害，土壤消毒等方式。化学防治根据各病虫类别科学选药剂，优先使用粉剂、烟剂，轮换用药，病虫害发生时使用保护性药剂预防，用药间隔期相对延长，及早发现病虫害，及时用药，对症用药，连续用药，彻底根治。禁止使用高毒高残留农药											

表3-9　日光温室瓜类+茄果类蔬菜全季节栽培模式

项目	茬口	蔬菜种类	7月	8月	9月	10月	11月	12月	1月	2月	3月	4月	5月	6月
生育时期	秋冬茬	黄瓜	育苗	定植	植株及果实生长期（秋冬茬）		收获期							
	冬春茬	番茄	收获期					育苗		定植	植株及果实生长期（冬春茬）		收获期	
	秋冬茬	黄瓜	育苗	定植	植株及果实生长期（秋冬茬）		收获期							
	冬春茬	茄子	收获期					育苗		定植	植株及果实生长期（冬春茬）		收获期	
	秋冬茬	黄瓜	育苗	定植	植株及果实生长期（秋冬茬）		收获期							
	冬春茬	辣椒	收获期					育苗		定植	植株及果实生长期（冬春茬）		收获期	
	秋冬茬	西葫芦	育苗	定植	植株及果实生长期（秋冬茬）		收获期							
	冬春茬	番茄	收获期					育苗		定植	植株及果实生长期（冬春茬）		收获期	
	秋冬茬	西葫芦	育苗	定植	植株及果实生长期（秋冬茬）		收获期							
	冬春茬	辣椒	收获期					育苗		定植	植株及果实生长期（冬春茬）		收获期	

（续表）

项目	蔬菜种类	茬口	适宜地区、品种选择及产量	7月（旬） 上 中 下	8月（旬） 上 中 下	9月（旬） 上 中 下	10月（旬） 上 中 下	11月（旬） 上 中 下	12月（旬） 上 中 下	1月（旬） 上 中 下	2月（旬） 上 中 下	3月（旬） 上 中 下	4月（旬） 上 中 下	5月（旬） 上 中 下	6月
适宜地区、品种选择及产量	黄瓜番茄	秋冬茬 冬春茬	适宜日光温室蔬菜发展的所有区域。秋冬茬黄瓜应选用生长势旺盛、温光适应性广、节成性好、耐低温弱光、抗病性强的品种。亩产量0.9万kg,高产典型可达1.0万kg。冬春茬番茄应选择无限生长型、耐低温弱光、抗病性强的品种。亩产量8 000kg,高产典型可达1.5万kg												
	黄瓜茄子	秋冬茬 冬春茬	适宜日光温室蔬菜发展的所有区域。秋冬茬黄瓜应选用生长势旺盛、温光适应性广、节成性好、耐低温弱光、抗病性强的品种。亩产量0.9万kg,高产典型可达1.0万kg。冬春茬茄子应选用耐低温弱光、连续坐果能力强、抗病性好、耐储运、抗病性好、口感好的品种。亩产量1.2万kg,高产典型可达1.5万kg												
	黄瓜辣椒	秋冬茬 冬春茬	适宜日光温室蔬菜发展的所有区域。秋冬茬黄瓜应选用生长势旺盛、温光适应性广、节成性好、耐低温弱光、抗病性强的品种。亩产量0.9万kg,高产典型可达1.0万kg。冬春茬辣椒应选用耐低温弱光、连续坐果能力强、抗病性好、产量高的品种。亩产量0.7万kg,高产典型可达1.0万kg												
	西葫芦番茄	秋冬茬 冬春茬	适宜日光温室蔬菜发展的所有区域。秋冬茬西葫芦应选择耐低温弱光、连续坐果能力强、抗病性强的品种。年亩产量可达0.8万kg,高产典型可达1.3万kg。冬春茬番茄应选择耐低温弱光、商品性好、商品性高的品种。亩产可达1.2万kg,高产典型可达1.5万kg												
	西葫芦辣椒	秋冬茬 冬春茬	适宜日光温室蔬菜发展的所有区域。秋冬茬西葫芦应选择耐低温弱光、连续坐果能力强、抗病性强的品种。年亩产量可达0.8万kg,高产典型可达1.3万kg。冬春茬辣椒应选择耐低温弱光、结果能力强、抗病性强、产量高的品种。亩产量0.7万kg,高产典型可达1.0万kg												

（续表）

项目	茬口	蔬菜种类	7月（旬）～6月　种植方式与株数调整要点
种植方式与株数调整要点	秋冬茬冬春茬	黄瓜番茄	秋冬茬黄瓜采用地膜覆盖大垄宽窄双行栽培，植株保持在1.6～1.3m范围内，功能叶片13～15片，每亩定植2000～2200株。冬春茬番茄采用单干整枝行定植，行距1.0m，底部叶片及时摘除。宽行100cm，窄行50cm，底部叶片及时摘除。长调节剂防止落花，果实采收期保持植株叶片20片左右。整枝方式为单干吊蔓整枝，每株5～7穗果。采用振荡器授粉或植物生长调节。落蔓栽培，提倡勤落秧
	秋冬茬冬春茬	黄瓜茄子	秋冬茬黄瓜采用地膜覆盖大垄宽窄双行栽培，植株保持在1.6～1.3m范围内，功能叶片13～15片，每亩定植3800～4000株。冬春茬茄子采用宽窄双行栽培，采用环境友好型坐果激素保花，果实采收期保持植株叶片15片左右。宽行100cm，窄行50cm，底部叶片及时摘除。整枝方式为单干吊蔓整枝，每株4～5个果。采用振荡器授粉或植物生长。落蔓栽培，提倡勤落秧。因冬季花粉发育不良，留回头茄
	秋冬茬冬春茬	黄瓜辣椒	秋冬茬黄瓜采用地膜覆盖大垄宽窄双行栽培，植株保持在1.6～1.3m范围内，功能叶片13～15片，每亩定植3800～4000株。冬春茬辣椒采用宽窄双行栽培，采用环境友好型坐果激素保花，果实采收期保持植株叶片20片左右。宽行100cm，窄行50cm，底部叶片及时摘除。整枝方式为双干吊蔓整枝。落蔓栽培，提倡勤落秧。果实采收期保持植株叶片
	秋冬茬冬春茬	西葫芦番茄	秋冬茬西葫芦采用地膜覆盖大垄栽培，行距80cm，苗定植1000株左右。因冬季花粉发育不良，可采用大垄单行定植，行距1.0m，每亩定植2000～2200株。冬春茬番茄采用单干整枝行定植，果实采收期及时摘除底部老叶。整枝方式为单干吊蔓整枝，植株无限生长，不摘心，每株留13个果左右。花粉充足时进行人工授粉促进坐果，果实采收期及时摘除底部老叶
	秋冬茬冬春茬	西葫芦辣椒	秋冬茬西葫芦采用地膜覆盖大垄栽培，行距80cm，苗定植1000株左右。因冬季花粉发育不良，可采用大垄单行定植，行距1.0m，每亩定植2200～2400株。冬春茬辣椒采用宽窄双行栽培，果实采收期及时摘除底部老叶。整枝方式为双干吊蔓整枝，植株无限生长，不摘心，每株留13个果左右。花粉充足时可进行人工授粉促进坐果，果实采收期及时摘除底部老叶

（续表）

项目	茬口	7月（旬）			8月（旬）			9月（旬）			10月（旬）			11月（旬）			12月（旬）			1月（旬）			2月（旬）			3月（旬）			4月（旬）			5月	6月
		上	中	下	上	中	下	上	中	下	上	中	下	上	中	下	上	中	下	上	中	下	上	中	下	上	中	下	上	中	下		
	土水肥管理注意要点	采用膜下灌水，定植后3～5天灌一次缓苗水，之后控水蹲苗，开始结果时结束蹲苗，但高温期蹲苗，气温较高，由于地温，植株失水较多，植株失水快，应当浇小水，补充植株水分，降低地温。当植株开始结果时结束蹲苗，开始坐果水。高温季节土壤绝对含水量保持在25%左右，低温季节土壤绝对含水量保持在20%左右。根据植株需要追施氮磷钾复合肥，追肥灌水应根据植株长势，叶色、温度及光照情况灵活掌握。冬季表病温度低，植株长势弱，提高灌水温度，增加叶面施肥次数。要减少灌水次数，提高灌温度，并且保证灌度																															
环境管理注意要点	秋冬茬	高温季节注意放风降温。进入10月以后，随室内外气温逐渐降低，光照缩短，应及时加温增光。蓄热、保温，每天在温度允许条件下应尽量早揭和晚盖温室保温覆盖物，争取多进阳光，揭开覆盖物后应擦拭棚膜灰尘，保证棚膜持续透明。晴天上午温室气温达到30℃以上，用顶部放风，降温。晴天上午将进行短时顶部打开一条缝膜放风排湿，并尽量缝放风排湿。室湿度，减少病害发生，气温降至20℃必须关闭顶部通风口。阴天上午温室气温达到20℃时将顶部通风排湿，不低于16℃																															
	冬春茬	前期注意增光、蓄热、保温，后期随着气温回升，注意组春的通风，降温、降湿																															
	病虫害防治要点	按照"预防为主，综合防治"的植保方针，坚持以"农业防治、物理防治、生物防治为主，化学防治为辅"的无害化治理原则。农业防治主要包括：针对当地主要害虫控制对象，选用高产多抗的品种，清洁田园，土壤消毒等措施。物理防治主要包括：设置防虫网，悬挂色板，采用黄板诱杀，采用频振式杀虫灯。生物防治主要选择药剂，农用链霉素、新植霉素等生物药剂防治各种病虫害。化学防治根据病虫害发生种类科学选择药剂，优化使用粉尘、烟剂，轮换用药，农抗120、印楝素、苦参碱、农用链霉素。病虫害未发生时使用保护性药剂预防，用药间隔期相对延长，及早发现病虫害，及时用药，对症用药，连续用药，彻底根治，禁止使用高毒高残留农药																															

表 3 – 10　日光温室茄果类 + 瓜类蔬菜全季节栽培模式

项目		7月	8月	9月	10月	11月	12月	1月	2月	3月	4月	5月	6月
茬口	蔬菜种类	上中下	上中下	上中下	上中下	上中下	上中下			上中下	上中下	上中下	上中下
越冬茬	黄瓜	生长期		育苗		定植（上）	植株及果实生长期	收获期	收获期	收获期	收获期		
越夏茬	番茄	生长期	收获期	收获期							育苗	育苗	定植（中）
越冬茬	西葫芦	生长期		育苗	收获期	定植（上）	植株及果实生长期	收获期	收获期	收获期	收获期		
越夏茬	番茄		生长期	收获期							育苗	育苗	定植（中）
越冬茬	番茄		育苗	定植	育苗	定植	植株及果实生长期	收获期	收获期	收获期	收获期	植株及果实生长期	生长期
越夏茬	西瓜	收获期		生长期	收获期							育苗	定植（中）/生长（下）
越冬茬	番茄		育苗	定植	育苗	定植	植株及果实生长期	收获期	收获期	收获期	定植	植株及果实生长期	育苗
越夏茬	豇豆	收获期	收获期		植株及果实生长期	植株及果实生长期	植株及果实生长期	收获期				植株及果实生长期/发生长期	收获期

适宜地区： 适宜河北中北部、内蒙古东南、辽宁、陕西西部、甘肃、青海、宁夏、新疆南部等地区；越冬茬黄瓜、西葫芦、番茄选择同一年一大茬模式；越夏茬番茄应选择耐高温强光、商品性好、耐储藏运输的品种。

品种选择及产量： 西瓜应选择植株长势强、抗病毒病、坐瓜能力强、早熟、商品性好、耐储藏运输的品种；越冬茬黄瓜、角瓜、番茄亩产量分别可达 1.0 万 kg、1.5 万 kg、1.0 万 kg；越夏茬番茄、西瓜、豇豆应选用耐高温、早熟、结荚能力强、商品性好、抗病毒病和叶霉病、连续坐果能力强、商品性好的品种；越夏茬番茄、西瓜、豇豆亩产量分别可达 0.85 万 kg、0.35 万 kg、0.4 万 kg。

（续表）

项目	茬口	7月（旬）			8月（旬）			9月（旬）			10月（旬）			11月（旬）			12月（旬）			1月	2月	3月（旬）			4月（旬）			5月（旬）			6月（旬）		
		上	中	下	上	中	下	上	中	下	上	中	下	上	中	下	上	中	下			上	中	下	上	中	下	上	中	下	上	中	下

种植方式与植株调整要点
越冬茬种植密度同一年两茬栽培模式。
越夏茬番茄、西瓜、豇豆种植密度分别为番茄 2 000 株，西瓜 700 株，豇豆 3 000～3 500 株

土水肥管理注意要点
越冬茬：采用膜下灌水，土壤绝对含水量保持在 20% 左右。定植后 3～5 天灌一次发苗水，之后控水蹲苗。如果是高温期蹲苗，由于地温、气温较高，植株失水较多，应适当浇小水、补充株水分，降低地温。当植株开始结果时结束蹲苗，开始灌坐果水。根据植株需要追施氮磷钾复合肥。追肥灌水应根据根据株水势，叶、色。温度及光照情况灵活掌握。冬季栽培温度低，植株长势慢，要减少灌水次数，增加叶面施肥次数

环境管理注意要点
越冬茬：10 月以后，随着室内外气温逐渐降低，光照缩短，应及时加温增光、蓄热、保温。每天在室内气温达到 30℃ 以上时，用顶部放风，保证棚膜等透明。晴天上午室温达到 20℃ 时将进行顶部扒开一条缝隙放风揭草。同时，揭开覆盖物时应施草扑棚膜灰心。阴天上午仅顶部通风口。降至 20℃ 必须关闭顶部通风口。争取多进阳光，蓄热、保温。每天在午室气温达到 30℃ 以上，用顶部放风，降低棚温湿度，减少病害发生，气温降至 16℃

越夏茬：6～8 月的高温季节，可采取增加温室外部遮阳，垄沟大水漫灌等措施，降低温室内部温度

病虫害防治要点
按照"预防为主、综合防治"的植保方针，坚持以"农业防治、物理防治、生物防治为主、化学防治为辅"的无害化治理原则。农业防治主要包括：针对当地主要病虫害防治对象，选用高抗与多抗的品种，清洁田园，清洁温室，有利于植株健壮生长的环境条件。物理防治主要包括：设置防虫网，悬挂色板，土壤消毒等防治病虫害。生物防治主要包括：采用浏阳霉素、农抗 120、印楝素、农用链霉素、新植霉素等生物农药防治病虫害，优化使用药剂、烟剂、粉尘，轮换使用农药。化学防治根据各种发生病虫害实际，科学选择药剂，及时用药，对症用药，连续用药，彻底根治，减少使用时使用高毒高残留药。药剂预防，用药间隔期相对延长，及早发现病虫害，及早采取防护性。禁止使用高毒高残留药

表3-11 日光温室其他种类蔬菜一年两茬全季节栽培模式

蔬菜种类	茬口	7月(旬) 上中下	8月(旬) 上中下	9月(旬) 上中下	10月(旬) 上中下	11月(旬) 上中下	12月(旬) 上中下	1月(旬) 上中下	2月(旬) 上中下	3月(旬) 上中下	4月(旬) 上中下	5月	6月
番茄	秋冬茬 冬春茬	休闲期	育苗	定植	植株及果实生长期（秋冬茬）		收获期		植株及果实生长期	（冬春茬）	收获期		
菜豆	秋冬茬 冬春茬	休闲期	育苗	定植	植株及果实生长期（秋冬茬）		收获期	育苗	定植	植株及果实生长期	（冬春茬）	收获期	
黄瓜	秋冬茬 冬春茬	休闲期		直播	植株及果实生长期（秋冬茬）			收获期		（冬春茬）	收获期		
菜豆	秋冬茬 冬春茬		育苗	定植	植株及果实生长期（秋冬茬）		收获期	定植	植株及果实生长期（冬春茬）		收获期		
茄子 青椒	秋冬茬 冬春茬	收获期	育苗				育苗	定植	植株及果实生长期（冬春茬）	定植	植株及果实生长期	收获期	
西芹	秋冬茬 冬春茬												

生育时期

适宜地区、品种选择及产量：

适宜日光温室蔬菜发展的所有区域

秋冬茬番茄应选用无限生长型、温光适应能力强、连续坐果能力强、抗病毒病、耐储运、产量高的品种。亩产量0.3万kg，高产典型可达0.9万kg。
冬春茬菜豆应选用抗病弱光、商品性好的品种。亩产量0.3万kg，高产典型可达0.4万kg。

适宜日光温室蔬菜发展的所有区域

秋冬茬黄瓜应选用生长势健壮、节成性好、温光适应性广、抗病性强的品种。亩产量0.9万kg，高产典型可达1.0万kg。
冬春茬菜豆应选用抗病性强、耐低温弱光、商品性好的品种。亩产量0.3万kg，高产典型可达0.4万kg。

（续表）

		7月（旬）			8月（旬）			9月（旬）			10月（旬）			11月（旬）			12月（旬）			1月（旬）			2月（旬）			3月（旬）			4月（旬）			5月	6月
茬口	蔬菜种类	上	中	下	上	中	下	上	中	下	上	中	下	上	中	下	上	中	下	上	中	下	上	中	下	上	中	下	上	中	下	月	

适宜地区品种、选择反产量

秋冬茬、冬春茬 菜豆茄子：适宜日光室蔬菜发展的所有区域。秋冬茬豆应选用抗病性强、耐低温弱光、商品性好的品种。亩产量0.3万kg，高产典型可达0.4万kg。冬春茬茄子应选用耐寒温弱光、产量高的品种。亩产量好、产量高的品种。亩产量1.2万kg，高产典型茄子可达1.5万kg

秋冬茬、冬春茬 青椒西芹：适宜日光室蔬菜发展的所有区域。秋冬茬青椒应选用植株长势旺盛、温光适应性盛、连续坐果能力强、抗病毒病的品种。亩产0.6kg，高产典型的品种。亩产0.6万kg，高产典型茄可达0.8kg。冬春茬西芹应选用叶柄长、实心、纤维少、丰产性、抗倒性、抗病虫害能力强的品种。亩产0.6万kg，高产典型茄可达0.8kg

种植方式与株距整理

秋冬茬、冬春茬 番茄菜：秋冬茬番茄采用地膜覆盖大垄单行定植，行距1.0m，每亩定植2000~2200株。整枝方式为单干整枝，每株留5~7穗果，及时摘除底部老叶病叶。冬春茬菜豆采用地膜覆盖大垄双行栽培，在环境条件不好时，可使环境良好植物生长调节剂保水，及时摘除底部老叶病叶。每株留4~5个果，采用熊蜂

秋冬茬、冬春茬 黄瓜菜：秋冬茬黄瓜采用地膜覆盖大垄宽窄双行栽培，宽行100cm，窄行50cm，底部叶片及时摘除。植株保持在1.6~1.3m范围内，功能叶片13~15片。整枝方式为单干吊蔓整枝，落蔓盘绕，提倡勤落秧，每穴3~4粒。冬春茬菜采用地膜覆盖大垄宽窄双行栽培，宽行80cm，窄行50cm，每穴3~4粒。每苗3200穴左右

秋冬茬、冬春茬 菜豆茄子：秋冬茬菜豆采用地膜覆盖大垄宽窄双行栽培，宽行80cm，窄行50cm，每穴3~4粒。每苗3200穴左右。冬春茬茄子采用地膜覆盖大垄密窄双行栽培，宽行100cm，窄行50cm，定植1800~2000株。整枝方式为单干吊蔓双干整枝，留部间头茄。每苗3200穴左右，根据植株植株株15片左右，定植1800~2000株

秋冬茬、冬春茬 青椒西芹：秋冬茬辣椒采用地膜覆盖大垄双行栽培，宽行100cm，畦间距25cm，每亩定植2200~2400株。整枝方式为吊蔓单干整枝，行距。果实收期植株株15片左右。因冬花粉发育不良，可采取单行栽培，补充株水分，行距。冬春茬西芹采用平畦栽培，畦宽1.0m，可采取四平畦栽培，畦间距35cm，畦宽1.0m，畦长1.0m，每亩定植8000~10000株

土壤肥育管理注意要点

采用膜下灌水，定植后3~5天灌一次凌苗水，之后控水蹲苗，并保持土壤湿润。果类蔬菜植株开始坐果时结束蹲苗，由干温温，气温较高，但高温期施苗，开始追果实膨肥，追肥灌水应根据情况灵活掌握。冬季栽培。芹菜缓苗后开始蹲水，并保持土壤湿润。低温季节土壤绝对含水量保持在20%左右。根据植株零要追施氮磷钾复合肥，高温季节对土壤对含水量保持25%左右，叶、色，温度及光照情况灵活掌握。冬季栽培，温度低，植株长势缓，要减少灌水次数，提倡单行滴肥效数。采用膜下灌水，补充株水分，充足株水分。气温较高，植株失水较多，应适浇小水，补充株水分。高温季节对含水量保持25%左右，增加叶面施肥效数

（续表）

茬口	蔬菜种类	7月(旬)			8月(旬)			9月(旬)			10月(旬)			11月(旬)			12月(旬)			1月(旬)			2月(旬)			3月(旬)			4月(旬)			5月	6月
		上	中	下	上	中	下	上	中	下	上	中	下	上	中	下	上	中	下	上	中	下	上	中	下	上	中	下	上	中	下		

环境管理注意要点

秋冬茬：高温季节注意放风降温。随着室内外气温逐渐降低，应及时加强增温、光照多进阳光，争取多进阳光，同时，揭开覆盖物后应掸扫棚膜灰尘，保证棚膜透明。晴天上午当室温气温达到30℃以上，用顶部放风，降低温室湿度，减少病害发生，气温降至20℃必须关闭顶部风口。阴天上午当室温达到20℃时将进行短时将顶部扒开一条缝隙放风排湿，并尽量保证温度不低于16℃

冬春茬：前期注意增光、蓄热、保温，后期随着气温回升，注意温室的通风、降温、降湿

病虫害防治要点

按照"预防为主，综合防治"的植保方针，坚持以"农业防治、物理防治、生物防治为主，化学防治为辅"的无害化治理原则。农业防治主要包括：针对当地主要病虫害制订防治对象、选用高抗与多抗的品种。清洁田园、通风透光，控制温度，降低湿度，创造不利于病虫害生长的环境条件。物理防治主要包括：设置防虫网、悬挂色板。土壤清毒等方式。生物清毒主要采用方式。采用阿维阴阳晒法，优先使用粉尘、烟剂，轮换用药，病虫害未发生时使用保护性药、新植霉素等生物药剂防治根器各病虫害。化学防治根据各病虫害发生种类科学选择药剂，农抗120、印楝素、苦参碱、藜芦碱，轮换用药，铲除根治，连续用药，禁止使用高毒高残留农药

药剂预防，用药间隔期相对延长，及早发现病虫害，及时用药，对症用药，连续用药

节期间市场需求，栽培技术同一年一大茬越冬栽培技术。而日光温室蔬菜越夏茬栽培，果实的收获期一般在 8—10 月，正好是长江以南地区由于夏季高温而导致的生产与市场缺口，因此，日光温室蔬菜越夏茬栽培主要针对南方地区的市场需要安排生产，主要栽培模式，见表 3 – 12。

三、一年多茬栽培

（一）一年三茬栽培

口光温室蔬菜一年多茬栽培指一年三茬以上的种植模式，常见的一年三茬栽培茬口是在秋冬茬和冬春茬之间，由于冬季气温较低，加播一茬叶菜类蔬菜（表 3 – 13）。常见的叶菜类蔬菜包括：小白菜、油菜、水萝卜、香菜、茼蒿、生菜、莴苣、菠菜等。由于叶菜类蔬菜不耐运输，因此，这种茬口适宜城市郊区附近的日光温室蔬菜基地。

（二）一年四茬栽培

一年四茬栽培大多采用生长期长的果菜与生长期短的叶菜搭配种植的方式，常见的一年四茬栽培是在秋冬茬和冬春茬之间的冬季和夏季分别加种一茬叶菜，提高复种指数，增加产量，栽培模式，如表 3 – 14 所示。

第三节　安全生产技术

目前，蔬菜发展存在六大问题：种什么？怎么种？谁来种？怎么管？卖给谁？怎么卖？许多菜农想种菜又不知道如何下手，不知道选择什么样的生产资料，不知道怎样管理才能既省事又效益高，不知道为什么这么辛苦却赚不到钱。

根据无数成功案例试验总结出"养根、壮茎、护叶、促花、保果"蔬菜高效管理十字秘诀及蔬菜安全生产标准化管理"消毒、育苗、底肥、定植、缓根、花期、果期、拉秧"的八大技术，这些技术具有标准化流程而且可以复制，让菜农快速掌握轻松使用。

表3－12　日光温室越冬茬＋越夏茬蔬菜全季节栽培模式

项目	茬口	蔬菜种类	7月（旬）	8月（旬）	9月（旬）	10月（旬）	11月（旬）	12月（旬）	1月 · 2月	3月（旬）	4月（旬）	5月（旬）	6月（旬）
生育时期	越冬茬	黄瓜			育苗	育苗	定植	植株及果实生长期	收获期	收获期	收获期		
	越夏茬	番茄	生长期	收获期							育苗	定植	生长
	越冬茬	西葫芦			育苗	育苗	定植	植株及果实生长期	收获期	收获期	收获期		
	越夏茬	番茄	生长期	收获期							育苗	定植	生长
	越冬茬	番茄			育苗	育苗	定植	植株及果实生长期	收获期	收获期	收获期		
	越夏茬	西瓜	植株及果实生长期	定植	育苗	收获期					定植	植株及果实生长期	育苗
	越冬茬	番茄	育苗	定植	植株及果实生长期	收获期		收获期					育苗
	越夏茬	豇豆	收获期	收获期							定植	植株及果实生长期	收获期

适宜地区、品种选择及产量：适宜河北中北部、内蒙古东南、辽宁、陕西北部、甘肃、青海、宁夏、新疆南部等地区，番茄品种选择同一年一大茬模式；越冬茬黄瓜、西葫芦应选择耐高温强光、耐储藏运输的品种；西瓜应选择植株长势强、坐瓜能力强、抗病毒病、早熟、商品性好、耐储藏运输的品种；越冬茬黄瓜、角瓜、番茄产量分别可达1.0万kg、1.5万kg、1.0万kg；越夏茬番茄、西瓜、番茄亩产量分别可达0.85万kg、0.35万kg、0.4万kg。番茄应选用耐高温、抗病毒病和叶霉病、植株长势旺盛、连续坐果能力强、商品性好、早熟、结荚能力好、商品性好，豇豆应选用耐高温、抗病毒病和叶霉病、商品性好的品种。

（续表）

项目	蔬菜种类	茬口	7月（旬）上 中 下	8月（旬）上 中 下	9月（旬）上 中 下	10月（旬）上 中 下	11月（旬）上 中 下	12月（旬）上 中 下	1月	2月	3月（旬）上 中 下	4月（旬）上 中 下	5月（旬）上 中 下	6月（旬）上 中 下

种植方式与植株调整要点： 越冬茬种植密度一年两茬栽培模式。越冬茬番茄、西瓜，亚豆种植密度分别为番茄2 000株、西瓜700株、亚豆3 000~3 500株

土水肥管理注意要点： 采用膜下灌水，土壤绝对水量保持在20%左右。定植后3~5天灌一次缓苗水，之后5~6天腾苗，如果是高温期腾苗，由于地温、气温较高，植株失水较多，应适当浇小水，补充植株水分，降低株地温，根据植株应根据根据植株坐果水次数，要减少灌水势缓，植株长势慢，冬季秋后温度低，据苗面施肥次数长优势，叶色，温度及光照情况灵活合理掌握。

环境管理注意要点

越冬茬： 10月以后，随着室内外气温逐渐降低，光照缩短，应及时加温增光、蓄热、保温，每天在温度允许条件下应尽量早揭和晚盖保温覆盖物，争取多进阳光。气温同时，揭开覆盖物后应塑料棚膜宽松，保证棚膜持续透明。晴天上午温室气温达到30℃以上，用顶部放风，降低温室温度。明天上午温至20℃时将进行短时开顶部打开一条缝隙放风排湿，并尽量保证温度不低于16℃

越夏茬： 6~8月的高温季节，可采取加温室外遮阴、垄沟大水漫灌等措施，降低温室内温度

病虫害防治要点： 按照"预防为主，综合防治"的植保方针，坚持以"农业防治、物理防治、生物防治为主，化学防治为辅"的无害化治理原则。农业防治主要包括：针对当地主要病虫害防治对象，选用高抗多抗的品种，控制温度，控制湿度，创造不利于病虫生长的环境条件。物理防治主要包括：设置防虫网、悬挂色板等。生物防治主要包括：采用浏阴防霉素、农抗120、印楝素、苦参碱、新植霉素等生物农药剂防治各种病虫害。土壤消毒等方式，根据各种病虫害发生种类科学选择药剂，优先使用粉剂、烟剂、轮换用药，对症用药，彻底根治，禁止使用高毒高残留农药；药剂预防，用药间隔期相对延长，及时用药，对症用药，连续用药，及早发现病虫害，及早发现病虫害发生时使用保护性

表 3-13　一年三茬全季节栽培模式

茬口	蔬菜种类	7月(旬)上中下	8月(旬)上中下	9月(旬)上中下	10月(旬)上中下	11月(旬)上中下	12月(旬)上中下	1月(旬)上中下	2月(旬)上中下	3月(旬)上中下	4月(旬)上中下	5月(旬)上中下	6月(旬)上中下
秋冬茬	番茄	育苗	定植	植株及果实生长期		收获期							
冬茬	叶菜						育苗	定植	收获期				
冬春茬	黄瓜	收获期				育苗	定植	收获期					
冬茬	叶菜				育苗	定植	育苗	定植	收获期				
冬春茬	甜瓜	植株及果实生长期						植株及果实生长期			收获期		
瓠夏茬	番茄					育苗	定植						
秋冬茬	黄瓜		育苗	定植		生长期		收获期					
冬春茬	甜瓜			收获期					定植	植株及果实生长期		收获期	
夏秋茬	甜瓜	定植	生长期		植株及果实生长期		收获期					育苗	定植
秋冬茬	番茄		育苗	定植			育苗			生长期		定植	育苗
冬春茬	青椒						定植	收获期			收获期		生长期
春夏茬	菜豆	生长期	收获期										

适宜地区：适宜华北北部、东北、西北北部等地区

品种选择：黄瓜、角瓜、番瓜、甜瓜、青椒品种选春同一年两茬栽培模式

亩产量为：番茄 0.9 万 kg，黄瓜 1.1 万 kg，青椒 0.6 万 kg，甜瓜 0.4 万 kg，菜豆 0.35 万 kg，叶菜 0.15 万 kg

（续表）

茬口 蔬菜种类	7月（旬）上 中 下	8月（旬）上 中 下	9月（旬）上 中 下	10月（旬）上 中 下	11月（旬）上 中 下	12月（旬）上 中 下	1月（旬）上 中 下	2月（旬）上 中 下	3月（旬）上 中 下	4月（旬）上 中 下	5月（旬）上 中 下	6月（旬）上 中 下
种植方式与植株调整要点	叶菜类蔬菜采取平畦栽培，畦面宽1.0m，行株距30cm左右，多采用育苗移栽。果类类蔬菜采取地膜覆盖宽窄行栽培，宽行100cm，窄行50cm，定植2 000~4 000株，同一年两茬栽培模式											
土水肥管理注意要点	果类类蔬菜采用膜下灌溉方式，土壤绝对含水量保持在20%左右。定植后3~5天灌一次缓苗水，之后控水蹲苗，当果实开始开花坐果时结束蹲苗，开始浇坐果水。随着坐果见大量水、尽量少浇水。气温低时，冬季定植时地温、气温较低，应当浇水次数较少，以利于蹲苗地温。当植株开始结果时结束蹲苗，开始灌坐果水。随着外界气温的增高和植株需水量的增加，根据植株需要追施氮磷需要合理，追肥浇水应根据植株生长势、叶色、温度及光照情况灵活掌握											
环境管理注意要点	同一年两茬栽培模式											
病虫害防治要点	坚持"预防为主，综合防治"的植保方针，坚持以"农业防治、物理防治、生物防治为主，化学防治为辅"的无害化治理原则。农业防治主要包括：针对当地主要病虫控制对象，选用高抗或多抗的品种，清洁田园，通风透光，降低温度、控制湿度，创造不利于病虫生长的环境条件。物理防治主要包括：设置防虫网，悬挂色板，土壤科学选择药剂。生物防治主要包括：采用烟雾剂，农抗120，印楝素，苦参碱，农用链霉素、新植霉素等生物农药，轮换用药。化学防治根据各种虫害发生的种类，对症用药，及时发现病虫害，及时用药，对症用药，禁止使用高毒高残留农药											

表 3 – 14　一年四茬全季节栽培模式

茬口		蔬菜种类	7月(旬)	8月(旬)	9月(旬)	10月(旬)	11月(旬)	12月(旬)	1月(旬)	2月(旬)	3月(旬)	4月(旬)	5月(旬)	6月(旬)
	夏茬	叶菜	生长期	收获期										
	秋冬茬	芹菜		育苗	定植	植株及果实生长期	收获期							
	冬茬	叶菜					育苗	定植	收获期					
	冬春茬	番茄						育苗	定植	植株及果实生长期		收获期		
生育时期	秋茬	西瓜	休闲期	育苗	定植	植株及果实生长期	收获期							
	冬春茬	叶菜			育苗	定植	收获期							
	冬春茬	西瓜					育苗	定植	植株及果实生长期	收获期				
	春茬	西瓜						育苗	定植	植株及果实生长期		直播	生长期 收获期

适宜地区、品种选择及产量

适宜华北北部、东北、西北北部等地区

越冬桂瓜、角瓜、番茄同一二年两茬品种选择，冬春茬番茄应选择耐低温弱光、连续坐果能力强、商品性好、耐贮藏运输的品种；西瓜应选择植株长势强、抗病的品种；叶菜应选择耐低温耐弱光的生菜、菠菜、苦菊等

单产为：叶菜类0.15万kg，芹菜0.5万kg，番茄0.9万kg，西瓜0.35万kg

种植方式与植株调整要点

叶菜类采藏采取平畦栽培，畦面宽1.0 m，行株距30cm左右，多采用育苗移栽

西芹采用平畦栽培，畦宽1.0m，畦间距35cm，畦内行距25cm，每畦定植8 000~10 000株

果类采藏采取敞地膜覆盖窄行双行栽培，宽行100cm，窄行50cm，苗定植2 000~4 000株，同一年两茬栽培模式

（续表）

茬口 蔬菜种类	7月（旬）			8月（旬）			9月（旬）			10月（旬）			11月（旬）			12月（旬）			1月（旬）			2月（旬）			3月（旬）			4月（旬）			5月（旬）			6月（旬）		
	上	中	下	上	中	下	上	中	下	上	中	下	上	中	下	上	中	下	上	中	下	上	中	下	上	中	下	上	中	下	上	中	下	上	中	下
土水肥管理注意要点	果类蔬菜采用膜下灌溉方式，土壤绝对含水量保持在20%左右。定植后3~5天灌一次缓苗水，之后控水蹲苗，秋冬走定植时地温、气温较高，植株失水较多，应适当浇透水、浇水次数较频，以利于补充植株水分。当植株开花结果时开始坐果水。开始坐果水，以利于结果时充足水量的情况，开始坐果水。当气温较低，植株失水较少，浇水次数较少，以利于避免降低地温。当植株开始定植时地温、冬春走定植时地温、气温较低，植株失水较少，应适当浇小水，追溉水应根据植株长势，叶色、温度及光照情况灵活掌握																																			
环境管理注意要点	同一年两茬套栽培模式																																			
病虫害防治要点	按照"预防为主，综合防治"的方针，坚持以"农业防治，物理防治，生物防治为主，化学防治为辅"的无害化治理原则。农业防治主要包括：针对当地主要病虫害选用抗性强的品种，清洁田园，通风透光，调温度，创造不利于病虫害，有利于植株健壮生长的环境条件，物理防治主要包括：设置防虫网，悬挂色板，土壤精耕等方式。生物防治主要包括：抗菌120、印楝素、苦参碱、农用链霉素、新植霉素等生物药剂防治病虫害，轮换用药。病害发生时使用保护性预防，用药间隔期加保护性预防。病虫害发生时科学选择药剂，及时发现病虫害，及时用药，对症用药，连续用药，彻底防治。优先使用粉尘、烟剂，禁止使用高毒高残留农药																																			

一、消毒技术

消毒技术包括土壤消毒、棚室消毒和清园消毒。

（一）土壤消毒

1. 土壤消毒的重要性

不少菜棚，因土传病害造成严重减产，有的绝收！设施蔬菜土壤是各种病原菌的温床，是蔬菜生存的百病之源！温室、大棚连续种5年，土壤病菌上千万！随着温室大棚蔬菜复种指数的不断提高，土传病害的发生也逐渐严重，有的占83.2%。因此，解决好蔬菜土传病害问题越来越重要。

2. 土壤消毒方法比较

近年来，高温闷棚消毒、溴甲烷、石灰氮土壤消毒是广大菜农主要的大棚消毒方式，由于此消毒法不符合无公害生产技术的要求，故不推荐使用。

新型消毒剂——净土灵，水解最终产物是氨、水和二氧化碳，使用后无不溶解物，美国联邦食品和医药管理局和环保局已批准用于农业、畜牧水产业、食品和饮用水等。因此，使用净土灵进行土壤消毒，安全、简便、用量少，药效持续时间长，就相当于为设施蔬菜建造了一座无菌室。

3. 净土灵应用程序及注意事项

（1）应用程序。定植前，地表撒施药土：旋耕土地前，亩用净土灵500~1 000g；与30~40kg干细土或干细沙混合均匀，然后均匀撒于地表，随即旋耕翻地。药土均匀分散于地表的耕作层，可有效地将潜藏病原菌杀灭。此方法亦可广泛用于大田种植，对小麦全蚀病、棉花黄枯萎病、立枯病，大姜姜瘟病、大蒜立枯病，花生重茬等土传病害防控效果显著。

（2）注意事项。①单独应用，不要和其他肥料或药剂混用；②尽量多拌些土；③劳动保护措施（口罩、塑胶手套）。

（二）棚室消毒，打造无菌室

1. 棚室消毒方法

棚体及大棚设施用百菌克1 000倍沐浴式喷雾，有效杀灭棚内真菌、细菌、病毒。周期：每月一次。

2. 棚室消毒注意事项

（1）先加满水后加药。

（2）傍晚喷雾效果最佳。

（3）不可随意加大用药量。

（4）喷药时先里后外。

（三）清园消毒，实现可持续生产

清园管理技术要点

（1）拔秧。拔秧前浇透水，要连根拔起。

（2）换土。要求病株换土，拔秧后，将病株直径30cm的土壤清理后补还无病土壤。

（3）消毒。要封闭消毒。拔秧换土后，用15kg水加消毒药剂净土灵50g均匀喷洒地面，亩用即2～3桶水。清园消毒后不用再进行高温闷棚。

定植前再进行土壤消毒，形成良性循环。实现土净食安，保障设施农业可持续生产。

二、育苗技术

育苗过三关，包括种子处理、育苗土处理和幼苗处理。

（一）种子处理

1. 晒种

选择晴好天气，木板上铺好报纸，将种子置于阳光下暴晒3个小时左右，通过紫外线杀菌，杀灭表皮病菌，提高发芽率。

2. 温烫

白籽（没有包衣的籽种）将种子浸入55℃的温水，恒温搅拌15～20分钟，再用壮园甲1mL；加硅力奇叶面肥1mL对水150～

200mL 浸种 2～3 小时。

包衣籽种，晒种后，用壮园甲 1mL 加硅力奇叶面肥 1mL 对水 50mL 拌种。

此法可有效清除种子本身携带的病毒病菌。

3. 浸种或拌种

传统技术用化学农药处理种子（如多菌灵等）虽然也有一定效果，但只是控病防病不促长，甚至产生早衰现象。如果采用生物农药浸（拌）种，事半功倍，这是任何化学消毒剂所无法比拟的。病害预防胜于治疗，如果从种子处理着手就可以从基础上解决问题，避免在田间大面积的发生而造成不可弥补的损失。

处理方法：用植保 1 号 1mL 对水 100mL 常温（28～30℃）浸种 2～3 小时，不但防真菌、细菌病，还可以很好的防治病毒。

4. 阴干或催芽

浸种后可再常温（30℃左右）条件下催芽，根据不同蔬菜调控催芽时间；如不催芽，不可再晒，在阴凉处晾干即可播种。

（二）育苗土处理

1. 营养土育苗

（1）营养土配置。营养土要用 7 份疏松肥沃、无病虫残体、未种过瓜类作物的大田表土，最好用上茬种植葱、蒜、韭菜的土壤，加 3 份腐熟好的粪肥充分混合均匀过筛后制成。

每立方米营养土或 20～30m² 营养土床面，加入矿物肥 2kg；加入育苗专用土壤改良菌剂重茬 100 或育苗土得乐 1 000g 混合均匀。

注意事项：重茬 100 或育苗土得乐属高效生物菌肥，不可与土壤杀菌剂混合使用。

（2）营养土消毒。床土消毒是育苗技术的关键环节，处理到位可从根本上防控苗期猝倒、根腐、立枯等土传病害的发生。处理方法：先浇透床土或营养钵，选足底墒，加培根 100m；播种前再用 15kg 水加百菌克 10mL；加壮园甲 20mL；均匀喷洒床面；处理后播种覆土，可有效防控苗期猝倒病，确保苗齐苗壮，根系发达。

（3）适时播种。①选择晴天的上午进行播种；②播种前浇足底水，进行床土消毒，播种时用小木棍在营养钵中央挑一个小孔，将露白的正常种子根尖朝下放入小孔中，每钵一粒，然后覆盖 1cm 左右厚的营养土；③播后扣一层地膜，即保持土面湿润，又能增高土温，有利于提早出苗。注意不要让种子"戴帽出土"。出苗之前不要浇水。

2. 穴盘

（1）穴盘消毒。用 15kg 水加百菌克 10g 浸泡穴盘。

（2）基质配制。每袋基质加 5kg 水，矿物肥 200g，生物有机肥 200g 拌匀。

（3）播后处理。装好穴盘，播种。覆种后再用 15kg 水加培根 50mL 喷透，然后覆膜提温。

（三）幼苗处理

1. 温度管理

播种后苗床 5cm 内的地温要保持在 20℃以上，气温维持在 30 ~ 35℃，夜间 20℃以上，当有 1/3 种子破土时，揭开地膜，以免烤苗。发现幼苗戴帽的要及时摘除。幼苗出土后，适当降低温度，白天 25 ~ 27℃，夜间 12 ~ 15℃，地温 20℃为宜。当第一片真叶出现时，秧苗开始进入花芽分化阶段，这一时期一定要注意温度管理，保持 15℃左右的昼夜温差，有利于雌花花芽的分化和防止徒长。

由于定植后棚室内温度变化剧烈，因此，在定植前要加强炼苗，定植前 7 ~ 10 天，温室草苫早揭晚盖，逐渐增加通风量和通风时间，即使阴天也要适当放风降温。白天温度逐渐下降到 20 ~ 23℃，夜间逐渐下降到 10℃左右，并需要短时间 5℃左右的锻炼，让其适应定植后的棚室环境。

2. 水分管理

在墒情好的情况下，整个苗期可不浇水。如墒情不好可采用覆土方法减小水分散失。如苗床缺水严重，当见到叶片和叶柄下垂，下垂面积大于该叶 1/3 以上时，可适当浇水一次，防止因蹲苗过分出现花打顶或小老苗,浇后可覆土。

3. 光照和施肥管理

在保证温度的条件下,尽量早揭晚盖草苫以延长光照时间,增加光照强度。由于育苗营养土肥力充足,育苗时间短,苗期一般不施肥。

4. 苗期免疫复壮

苗期植物的抗性是最低的,因此,无病情况下尽量不用化学农药喷施幼苗,因为掌握不好,很容易出现药害,这种情况每年育苗期都有发生,严重时还会全军覆没,造成很大损失。用生物药剂处理就克服了这一缺点,等于注射疫苗,即好使又安全,药肥双效,即控制了病害又促进了生长。

(1)出齐苗后,用壮园甲或海藻甲壳素1 000倍液(15mL)喷雾,预防苗期猝倒病害;

(2)3~4片叶时,15kg水加叶面硅肥15mL喷雾,促进花芽分化;

(3)间隔7天,交替喷施特功10mL;和植保1号15mL;药肥双效,发根壮苗;

(4)嫁接管理:嫁接后用特功10mL轻喷嫁接苗,防止嫁接口感染;

(5)工厂育苗,穴盘处理技术,到苗后先用15kg水加壮园甲或海藻甲壳素1 000倍液(15mL)喷雾,免疫复壮;定植苗前,用培根50倍液蘸根,即5kg水加培根100mL蘸根。

三、底肥技术

(一)底肥施用五要素

(1)禁施生粪。遏制土传病害滋生蔓延。

(2)适施粪肥。进行腐熟发酵或解毒处理。

(3)多施生物有机肥。(生态肥)改良土壤。

(4)少施化肥。合理搭配,降低土壤盐害。

（5）增施矿物肥。补充中、微量元素，平衡地力。

（二）高产优质底肥配方

施肥方法要坚持"有机+无机，生物+矿物"的平衡配肥原则，不可偏施偏废。建议高产抗病底肥配方，每亩（667m²）撒施：

（1）农家肥。10~15m³，加培根5瓶（每瓶500mL），撒施；

（2）生物有机肥。培根生防菌生物有机肥80~120kg，撒施；

（3）矿物肥。知根知地120~160kg；沟施40kg，其余撒施；

（4）无机肥。复合肥40kg；尿素10kg；或尿素10kg；磷酸二铵25kg；硫酸钾15kg。

四、定植技术

（一）撒施底肥

（1）四肥一体

（2）粪肥要解毒

（二）整地起垄

（1）深翻20~25cm。

（2）起垄方式、高度、大、小垄距离

一般每畦2行，畦高10~15cm，小行距40~45cm，大行距80cm。

（三）大水造墒

移栽前7~10天浇大水造足底墒，可有效破除板结，充分活化疏松土壤，降解盐害，解除生粪烧根及有毒气体危害，净化过滤化肥农药残留，改良大棚土壤生态环境。

（四）适时定植

定植时期根据当地气候条件和覆盖材料的种类、多少以及保温性能的好坏来决定。当棚室内10cm土温稳定在12℃以上，白天气温高于20℃以上的时间不少于6小时，夜间的最低气温不低于13℃时即可定植。

（五）合理密植

按照所栽品种的特征特性和栽培技术要点的说明进行合理密植，叶片大、生长旺盛、分枝多的品种、密度适当小一些；叶片相对较小、分枝少的品种，密度适当大一点。一般每畦 2 行，畦高 10～15cm，小行距 40～50cm，大行距 70～80cm，株距 30～35cm 为宜。

（六）移栽蘸根

移栽前 2 天，用 15kg 水加壮园甲 15mL 喷雾；

栽前 1 天用培根 100mL 对水 5kg 浸蘸穴盘，可有效防控栽苗后土传病害的发生。

穴施护根：用生物菌肥，如培根，慎用杀菌剂、生根剂、杀虫剂等药剂。

（七）点水栽苗

栽苗后严禁大水漫灌，点水处理或浇小水才能促进根系发达，加快缓苗。水温：控制在 22℃左右，每亩加培根 1 瓶、壮园甲（每瓶 250mL）1 瓶稀释后点水。

（八）覆盖地膜

定植 15 天左右在覆盖地膜，以促进根系下扎。

五、缓苗期管理

（一）温度管理

定植后 1 周为缓苗期，实质上是缓根期，日常管理以闭棚提温为主，保温保湿，促进缓苗。关闭放风口，棚内温度不高于 35℃不需放风。升高气温有利于提高地温，便于扎根缓苗。白天保持气温 28～30℃，夜间 15℃左右。有多层覆盖的，应在早上揭开，晚上早盖保温。若棚内温度超过 35℃，可短时间放小风，打开天窗和扒开边缝，防止烤苗，下午要及早关闭风口。

（二）浇缓根水

缓苗期间瓜菜根系需要足够的水分恢复活力，但过量的水分会降低地温，不利于新根生成。因此，若定植后 3～5 天，生长点有新叶长出，并且土壤湿度较大，可以不浇缓根水。如果土壤缺水，可在定植后7天左右，选择晴天上午浇一次缓苗水，此时要浇小水，防止茎叶徒长，引起化瓜化果。

（三）灌根防病

栽苗后5～7天，用15kg水加百菌克20mL喷灌根茎，防治根腐病及茎基腐疫病。

（四）发根提秧水

缓根水后3～5天，浇发根提秧水，亩用绿健1瓶（每瓶1 000 mL）加培根2～3瓶随水冲施。随水冲施生物药肥进行土壤消毒及活化，是瓜菜生长期管理的核心技术环节，处理到位能从根本上杜绝生长期枯黄萎病、茎基腐疫病（烂脖根）、病毒病、线虫病等疑难病害的发生。

（五）中耕松土

定植后应及时中耕松土，以提高地温，促进根系恢复和生长。中耕深度以不碰土坨、不伤根为准。浇缓根水后，进行两次中耕，加大深度，约10cm，仍不要动土坨，把上划碎，增加土壤通透性，做到下湿上干。

六、初花期管理

定植缓苗后到根瓜或第一穗果座住为初花期。

初花期发育特点：主要是茎叶形成，其次是花芽继续分化，花数不断增加，根系进一步发展。

（一）管理要点——控

定植缓苗后10～15天进入初花期，此时期主要技术措施为增温、保墒、通气。最重要的是增温，迅速恢复根系的吸收能力，增加光合作用的强度。栽培管理突出一个"控"字，进行蹲苗，适当控制茎叶生长，使植株健壮，由营养生长期过渡到营养生长和生殖生长并进时期；强调一个"促"字，促进根系，加强中耕，做到深、勤、细，改善根系的环境，以达到根深秧壮，第一穗瓜果坐稳的目的。

（二）控什么

一控徒长。徒长现象：叶片薄、颜色淡、茎秆细、节间长、雌花少、不结瓜。导致原因：温差小、夜温高、光照弱、湿度大、密度大、氮肥多。

二控旺长。旺长现象：叶片肥厚、茎秆粗壮、不结瓜。导致原因：水肥过大、氮肥过多。

（三）怎么控

1. 温控：中温保花、高温促果

缓苗后，室内温度白天控制在22～25℃，夜间15℃左右。一般白天棚温达到25～28℃开始放风，先小通风，后大通风；晴天早通风，阴天晚通风。夜温高于15℃，要适当放夜风，以加大昼夜温差，防止植株徒长，提高抗病能力。这一阶段的通风除了调节温度外，还可以排除棚内夜间产生的湿气和更换棚内气体，以增加二氧化碳浓度，空气相对湿度白天保持50%～60%，夜间85%～90%。

2. 水控：小水发根、大水促秧

初花期应以中耕为主，保持较高的地温，促进根系向深处伸展，形成强大的根系。尽量减少浇水，保持地面见干见湿即可，以防止地上部徒长和化瓜化果。此期也不可过于干旱，否则，会出现“花打顶”。是否浇水要根据土壤墒情、土质和第一穗果生长情况确定，土壤黏重的地块要缓浇。第一穗果未坐住时，不能浇水；土质沙性、旱情严重、瓜秧不发的地块水量大些。

关于土壤是否需要浇水的干湿程度判别法：扯取地表5cm以下的根部土壤不成团而散开时（含水量14%～15%）即为缺水的象征。浇水要在晴天上午浇小水，阴天不要浇水。第一穗果坐住后选择晴天上午浇一次大水，浇水前，根据蔬菜生长态势用15kg水加控旺或根苗旺25～40mL喷施生长点，两天后浇水，每亩用活力99或土得乐40kg，加尿素5kg螯合后冲施，这样有利于第一穗瓜果的生长。

3. 药控：生物控旺、慎用激素

用生物菌肥发根提秧，花前补硼、花后补钙、增花补硅（偏硅酸）。建议使用：植保1号、硼钙肥、叶面硅肥、利丰铁等。

管理措施：

处方1：15kg水加利丰铁5g，盖顶喷雾。

处方2：15kg水加叶面硅肥50mL，盖顶喷雾。

处方3：15kg水加移栽灵15mL，盖顶喷雾。

以上处方在整个生长期间隔7天，喷施1次，可交替使用，药肥双效、壮苗促根、保花保果、抗寒抗逆、抗病增产。

4. 肥控：菌肥发根、硅肥促花

（1）冲施肥。

第一水（促根提秧）亩用绿健1瓶加培根2瓶。

第二水（促花）亩用硅力奇6kg。

第三水（保花）亩用硅力奇6kg。

（2）叶面肥。

第一次：15kg水加壮园甲30mL；加植保1号30mL。

第二次：15kg水加硅力奇30mL；加植保1号30mL。

第三次：15kg水加硅力奇30mL；加植保1号30mL。

七、结果期管理

结果期从第一穗瓜果坐住后，经过不断的开花结果，直到拉秧为止。此时营养生长和生殖生长同时大量进行，由于本身营养条件的基础跟不上生殖器官发育速度的需要而产生养分分配的争夺。这一阶段温度变化较大，病虫害多，果实生长迅速。结果期是瓜菜需肥的最大效率期，管理上要采用"上控、下促、中保"的综合管理技术，调节生殖生长和营养生长，使植株健壮、寿命延长、间歇期短、千方百计延长结果期。

（一）关键技术

1. 上控

控什么？控顶端优势、控徒长、控旺长、控肥力。

如何控？盖顶喷雾。

用什么控？叶面硅肥、移栽灵、利丰铁等。

2. 下促

促什么？促植株健壮；促根系发达；促肥力平衡。

如何促？冲施追肥。

用什么肥？生物肥（培根、绿健）；有机肥（腐殖酸）；大元素肥（氮磷钾硅）；矿物肥（中微元素肥）。

3. 二次生根技术

植物一生发两次根，如同人换牙一样，要采取养护措施促其迅速发生庞大的根系群。二次生根时间应在提秧发根后 55～65 天进行，亩用绿健 2 瓶加培根 6 瓶冲施。

（二）管理要点

1. 温度管理

结果期宜采用四段变温法管理，即：

早晨日出至 14：00，棚温控制在 26～32℃；

14：00 到日落时分，控制在 29～20℃；

日落至夜间零点，控制在 20～15℃；

夜间零点到早晨日出控制在 15～13℃。

2. 关闭风口

上午棚内温度高于 28～30℃（地表上 30cm 处气温）开始通风，下午棚温降到 22～20℃时关闭风口。若夜间棚内温度偏高，可在夜间适当放风。

在棚外夜间气温不低于 15℃时，可昼夜通风，通风还可以调节棚内空气湿度，白天相对湿度 50%～60%，夜间 80%～85% 比较适宜，保持叶面不形成水膜。

3. 草苫（棉被）拉放

拉草苫（棉被）：拉起后，棚温下降 2℃；

放草苫：放下草苫后，棚温保持在 21℃左右。

换气：拉起草苫后 1 小时（充分利用二氧化碳），再开小风口换气。

4. 肥水管理

膨果元素：碳、钾、氮、硅、钙、硼。

追肥前一天上控后再冲施肥，以提高产量。

结果期是瓜菜需肥的最大效率期，此期冲施追肥要综合考虑瓜菜的营养特点，掌握好肥料的施用量，把握好"有机＋无机＋生物＋矿物"的配肥尺度，才能获得高产、高效，获得最大效益。经过多年生产实践，我们筛选出高产、抗病、高效冲施肥配方如下，供大家参考对照使用。

配方1：亩用全能钾王高效水溶肥1袋。

配方2：亩用硅力奇1桶（每桶6kg）。

配方3：亩用含氨基酸、腐殖酸水溶肥料，如维C蛋白肽、鑫悦旺根15kg。

以上配方可根据实际长势，交替使用。

浇水追肥宜在晴天的早上或晚上，冬天或早春以早上最好，有利于保持地温，不寒根；高温季节晚上浇最好，有利于降地温，加大昼夜温差，防止徒长。浇完水后封闭通风口，待棚温上升到30℃时再放风。

5. 病虫害防治

（1）防病理念。

防：越没病越防，越防越没病。

治：越有病越治，越治越有病。

（2）如何防病。早用、常用（周期）。

（3）用什么防。化学农药、生物农药、叶面肥料。

精品：植保1号、壮园甲、叶面硅肥。

八、清园技术

清园消毒善始善终，清园消毒后可以不用再进行高温闷棚；定植前再进行土壤消毒，形成良性循环，实现土净食安，实现设施农业高效持续生产。

（一）拔秧

要求：连根拔起。

操作：拔秧前浇透水。

（二）换土

要求：病株换土。

操作：拔秧后，将病株直径 30cm 的土壤清理后补还无病土壤。

（三）消毒

要求：封闭消毒

操作：拔秧换土后，用 15kg 水加消毒药剂 50g 均匀喷洒地面，亩用 100～150g，即 2～3 桶水。

消毒药剂：土净清、净土灵、地复康、棚宝等。

第四节　蔬菜安全生产核心产品

一、培根

（一）产品特点

培根是一种活性菌，在于"固元培根"之理，培根对抑制重茬能产生想不到的效果。培根是通过美国高科技生物菌种以及中国微生物专家筛选的优质微生物相结合而制成的产，通过培根的使用不仅抑制了农作物的病虫伤害，也提高了农作物的产量。

（二）作用效果

（1）培根是升级版的四级复合培养，菌种数量突升，作用更加明显。

（2）培根中添加了寡聚糖，增强作物免疫系统，防虫防害。

（3）增强抗重茬，抑制线虫，增质增量。

（4）快生根，有"固本培根"之效。

（三）使用方法

适用范围：各种果蔬作物。

用法用量：蘸根；灌根；冲施。

注意事项：避免与杀菌农药同时使用；放置阴凉处。

二、植保一号

（一）产品特点

植保一号与培根一样，是一种活性菌，含80余种有益菌群及20多种氨基酸、多种维生素、微量元素、肌醇和植物必需的氮、磷、钾等多种对植物有益成分。植保一号是生产绿色有机食品的最佳选择，无毒、无公害、无污染、无激素。

（二）作用效果

（1）可有效防治针金虫、根结线虫、地老虎和地蛆，对土壤中的虫卵有特效，克服土传重茬障碍，并逐步消除土壤病虫害。

（2）激活种芽细胞，提高酶的活性，提高发芽率和发芽势，生根壮苗抗低温、壮苗早防死棵。

（3）解磷、解钾、固氮、补充微量元素，节肥30%～50%。

（4）消除土壤中多年来的肥害、药害、有毒有害物质及除草剂残留，改良和净化土壤环境，分泌赤霉素、生长素、细胞分裂素及其他有益活性因子，供作物利用，大大减少作物生理性病害的发生。同时，预防各种矮缩病、全蚀病。

（5）改良土壤团粒结构，疏松土壤，提高土壤通透性，抗旱抗涝，长期使用可达免深耕的效果。

（三）使用方法

适用范围：广泛适用于果蔬、粮食作物、经济作物、中草药等。

用法用量：拌种、灌根、喷雾。

三、壮园甲

（一）产品特点

壮园甲是一种甲壳素，在农业界获称"一代免疫之王"的称号。免疫、复壮、抗病、增产、解药害、防冻抗逆药肥双效；壳寡糖是壮园甲的主要的成分构成，从科学研究以及实践结果来讲，壮园甲已经达到甚至超过了化肥的作用。

（二）作用效果

（1）增加放线菌，防治镰刀菌。

（2）消灭线虫，养活土壤连作障碍。

（3）团粒化土壤，改善土壤，增加产量。

（4）活化植物的几丁聚糖酵素之活性。

（5）诱导产生植物抗毒素，提高作物抗病力、抗菌力。

（6）增加蔬果钙含量，可增加作物脆度，减少苦味，改善口感。

（7）增进微量元素吸收，以增加作物糖度，提早收获，提生品质，延长保鲜期。

（8）没有任何药物残留及副作用，是生产无公害农产品的最佳生物制剂。

（三）主要技术指标

壳寡糖 20g/L；氮＋氧化钾≥20g/L。

四、绿健

（一）产品特点

绿健也是甲壳素的一种，绿健的使用在现在的农业范围上非常的广泛，通过绿健的使用能够促根、防病、抑线、免疫、复壮、增产，因为绿健使用获得了众多行业的支持。主要成分：5%甲壳素（氨基寡糖素）、3%的进口抑线剂、促根因子、微量元素。

（二）作用效果

（1）土壤高能活化剂。绿健能抑杀各种线虫和有害衍生物，调节土壤的酸碱度，增加团粒结构，降解土壤盐害，改良土壤环境。

（2）植物细胞膜稳态剂，绿健能增强农作物抵御恶劣环境的能力，有蔬菜瓜果"防冻剂"的美称。

（3）解救剂。绿健作为最有效的植物药害、肥害、气害解救剂，能强力分解土壤中有害物质解救因误用农药造成的药害。

（4）抑制土壤线虫。绿健能迅速增加放线活菌的数量，抑制线虫滋生。

五、激抗菌968

（一）产品特点

激抗菌968是激抗菌中的一种，主要是使用在农作物上起到了抵抗病菌侵害的作用，是现今社会一种先进的生物激素，相比于早期的农药和肥料，激抗菌968的使用不仅环保，在使用效果上也非常的明显。

（二）作用效果

（1）富含活性有益菌株，定植穴施种苗根际，其活性菌孢子在种苗周围形成大量有益菌群，防止种苗受土壤病菌侵害。

（2）对苗期易发生的多种土传病害有明显的抑制作用。

（3）该有益菌在生长和繁殖过程中，利用土壤中的有机质转化形成的微生物蛋白质和氨基酸，可供种苗根系直接吸收利用，从而使种苗根系发达，生长旺盛。

六、叶面肥硅力奇

（一）产品特点

叶面肥硅力奇是硅肥的一种。硅力奇叶面肥是唯一一个能被植物直接吸收的硅肥。能够产生高抗逆性，高产量，防衰，使得作物健康成长。主要成分：单硅酸、黄腐酸、植物所需的各种微量元素、高分子杀菌剂及驱虫剂等。硅力奇叶面肥适用范围广泛，适合于各种作物。

（二）使用方法

（1）叶面喷洒。这种方法适宜在作物育苗期或成长早期使用，药物喷洒于作物叶面，600～800倍，每7天喷洒1次，效果显著。

（2）浸种。所谓浸种就是将叶面肥融水之后，将种子或作物根部浸泡在肥水里，一般浸泡1～2个小时即可。

七、硅力奇冲施肥

（一）产品特点

硅力奇冲施肥作为水溶性肥料的一种，它能融水速解，相对于其他肥料，更容易被作物吸收，且吸收利用率高，通过硅力奇冲施肥在灌溉农业的发展，达到水肥一体化，省水省肥省工，是一种非常好的肥料。

（二）使用方法

（1）一般在冬季大棚使用，补充作物的光合作用。

（2）科学轮施，少量多次冲施肥料，达到预期效果。

（3）不同的作物使用不同量的肥料，即对症下药，提高肥效，事半功倍。

（4）应当单独使用，不能与其他农药混合，产生反效果。

（5）不能长期搁置，防止肥效减少或小时。

八、利丰铁

（一）产品特点

利丰铁是一种控旺剂，就是控制作物过度徒长、旺长的一种药物，安全，无副作用，对保根护花很有成效，在 21 世纪已成为一种全面替代激素调节剂的新产品。利丰铁在控旺的同时，能够增加根系钙、硼、铁、镁、锌等营养，促进平衡生长，抑制叶部病害，如叶霉病、霜霉病、灰叶斑、炭疽病等，药肥双效。

（二）作用效果

（1）控旺效果达到最佳。

（2）作物健康成长，花果丰实，叶片浓绿、无黄叶。

（3）安全、无副作用。

（4）低残留、不影响下一茬。

（5）抗病。

九、百菌克

（一）主要成分

乙蒜·喹啉酮 总有效成分含量：80%；乙蒜素含量：80%；增效成分：喹啉酮适量；剂型：微乳剂

（二）防治对象

（1）瓜类。角斑病、叶斑病、霜霉病、灰霉病、白粉病、溃疡病、炭疽病、蔓枯病、根腐病等。

（2）豆类。锈病、红斑病、紫斑病、炭疽病、红根病。

（3）茄果类。早晚疫病、叶霉、软腐、灰叶斑病、根腐病。

（4）叶菜类。软腐病、叶枯病、褐腐烂心病。

（5）水果类。（果树：苹果、葡萄、草莓等）白粉病、斑点落叶病、黑痘病、白腐病、软腐褐斑病。

（三）使用方法及用量

苗期：2 000倍液叶面喷洒或灌根；结果期：800～1 500倍液喷洒或灌根。

十、净土灵

（一）产品特点

净土灵是一种杀菌剂，是专治疑难杂症的最佳药剂。作为新型微生物型土壤消毒剂的净土灵，消毒效果好，高效环保，持效期长，是病虫害的克星。净土灵与其他化学药物不同，无毒，不会产生抗性。

（二）使用方法

耕种土地前，将净土灵均匀分散于耕种地表，有效地将潜藏病原菌杀灭，使得旧棚换新棚。广泛应用于各种病虫害带来的土壤消毒处理。耕种后，用适量的净土灵混合细沙土覆在作物根系，使作物远离病虫害的侵扰，为其建立坚不可摧的防护屏障。每月进行一次消毒，打造大棚无菌室。针对各种疑难杂症，在真菌性病害发病初期，隔几天就要喷雾1次，连用2次。

（三）注意事项

（1）净土灵应该单独使用，与土拌匀，不可与其他肥药混用。

（2）叶面喷雾及灌根使用先加水，后加药。

（3）应现配现用，不可长期搁置。

十一、知根知地是一种矿物肥

（一）产品特点

知根知地添加了高含量的有机质，富含50多种矿元素。它不是农家肥却能使土壤松软透气；它不是农药却能有效抵制地下病虫害；它不是生根剂却能使作物根系发达；它不是生长却能使作物苗齐苗壮；它不是膨大剂却能使作物硕果累累；它不是催熟剂却能使瓜果提前成熟。

（二）作用效果

高催化、高离子交换以及高吸附性；增加糖分，提高产品品质；防虫防病，抗逆性强；活化土壤，提高化肥利用率；高产量。

（三）使用方法

大田作物，20～50kg/亩；经济作物，40～100kg/亩；果树，1～5kg/棵；蔬菜，80～150kg/亩；茶叶、药材，40～100kg/亩。

（四）注意事项

注意使用量，须与适量的氮、磷、钾肥配合使用；首次使用可留少量结比田，以观察其效果。

十二、鑫动力

（一）产品特点

本产品是复合肥的一种。作为最新的土壤改良的专用剂，鑫动力含有丰富的高活性有机土壤，微量元素等，对于重茬或盲目施肥引起的土传病害或土壤盐渍化等问题，有很可观的改良效果。

（二）作用效果

（1）能够有效解决土壤盐渍化的问题，提升化肥的利用率，以最少的化肥获得最高的产量。

（2）能够固本求元，使脆弱的根系更苗壮更繁荣，对于那些土传病害如根腐病、枯黄萎病、青枯病等都有抑制作用。

（3）使用鑫动力能够改善地温，增强营养，使之更好的配合根系的成长状况。

（4）对于土壤板结，鑫动力也能破除，使土壤团粒得到改善。

主要成分：氨基酸100g/L、钙40g/L、氮磷钾20g/L、海藻酸10g/L、芸薹素3g/L、有机质20g/L、黄腐酸钾40g/L、甲壳素3g/L、生根粉3g/L。

（三）使用方法

适用作物：大棚番茄、黄瓜、茄子、辣椒、豆角、芸豆、西葫芦、苦瓜、西瓜、甜瓜、丝瓜等各种作物。

使用方法；单用、亩用、底施。

注意事项：有效控制用量；放置于阴凉干燥处。

第五节　实战案例

一、越冬黄瓜栽培新技术

温室黄瓜以其产量高，效益好，得到广大菜的青睐，黄瓜喜温，喜肥水是它的特性，好肥水更是丰产的条件，日常的管理也是在黄瓜栽培中的重要环节，所以，种好黄瓜必须具备5个条件：好苗子、好肥料、好技术、好农药、好设施，缺一不可。

（一）好苗子

种植黄瓜，首先要有好种子，要选择抗寒，耐弱光耐低温，抗病，丰产的优良品种，如津丰系列凯旋、宝来等，尤其是津丰、凯旋以高产，超强耐低温，不封头，长势旺，耐弱光，抗病能力突出等优点，得到全国各黄瓜，主产区菜农的认可。

越冬茬黄瓜的育苗时间；一般育苗时间大致在9月中旬至10月

中旬。瓜菜夺高产，管理是关键，培育壮苗是基础。

1. 育苗土

选择肥沃的无菌大田土 7 份、有基质 3 份，每立方米育苗土中加恶霉灵 2 袋，或每立方米育苗土中加 3 袋激抗菌 968。根据不同类种子，适度深度播种，播种后用生根有益菌肥 750 倍喷透水，覆膜提温，避光催芽。

2. 穴盘育苗

穴盘消毒用百菌克或高锰酸钾 1 000 倍浸泡消毒。

调配基质：育苗基质加水半干半湿，每立方基质配 500g 微肥和 500g 生物肥。

3. 育苗土（钵）消毒

育苗土和基质消毒杀菌是育苗技术的关键环节，处理到位可以从根本上防控苗床期猝倒病，根腐病，立枯病的发生，方法如下。

（1）先浇透苗床土或穴盘，造足底墒，每平方米苗床面用壮园甲 25g + 移栽灵 15mL 倍喷洒。播种后，喷广谱杀菌王 600 倍防病。

以上措施能有效的防控苗期病害，确保苗齐苗壮，根系发达。而后盖地膜，保持温度 25～30℃ 2 天，撒毒饵防蝼蛄等害虫。

（2）待种苗出土时，除去地膜，当幼苗长至 2gm 以上时，伸开二叶时用壮园甲 1 000 倍 + 1/3 袋普力克 + 清水 5kg 喷雾，3 天一次，防猝倒病和立枯病等苗期病害。

（3）当第一片真叶出现时，苗子进入花芽分化期，保持 15℃ 的昼夜温差，有利于雌花形成，防止徒长。待长到一叶一心时，喷增瓜灵（15g/袋）1 袋对水 6kg 一次，三叶一心时补喷一次增瓜灵，1 袋对 6kg 水，可增加雌花朵数，防止采摘 2 条或 3 条瓜后，空蔓的现象，为丰产打好基础。

（4）在黄瓜长出第一片真叶时，开始育南瓜苗，最好用白籽南瓜，因为白籽南瓜砧木，抗病性强，黄瓜瓜条亮，商品性强。

（5）做南瓜苗床畦宽 1.2m，高 10cm，用肥沃的田土做成，但必须先用激抗菌 968 苗宝拌土，而后大水造墒，再铺细沙（以利于取苗）种子尽量密植，以不重叠为准，盖1.5～2cm处理后的杀菌土。再刮平，盖地膜保湿，撒毒饵，防虫，毒饵一般用麸皮500g+敌敌畏乳油2 000倍制成。注意：温度控制在22～30℃以内，以免由高温造成黄根、红根烂苗等，中午应给苗床遮阴。

（6）根据南瓜的出苗情况适时嫁接或插接，以南瓜苗出齐后伸开叶瓣时为最佳时期。

（7）嫁接前一天给黄瓜苗喷施一遍杀菌剂，特功1 000倍+壮园甲800倍喷雾，到嫁接时，必须用药水移栽，壮园甲500g+特功100克或阿米妙收100g对水1m³。嫁接时严禁吸烟，嫁接后遮阴，嫁接苗盖膜（防风保湿）促进伤口愈合，白天保持25～28℃，将光照时间控制在8小时左右。

（8）从嫁接后的第4天左右，可喷壮园甲800倍+特功1 000倍，喷雾杀菌，提高嫁接苗的免疫力避免嫁接伤口感染。

（9）断根：根据当地的实际情况适时断根，10～15天较适宜。断根前先浇水，水中加壮园甲2 000倍+激抗菌苗宝促根防病。待正常生长后，广谱杀菌王1 000倍+尿素800倍叶面喷雾，预防真细菌病害。

（二）好肥料

想种好黄瓜，先从底肥开始，底肥分为有机肥，粪肥和生物肥等，底肥应该测土施肥，做到缺什么，补什么，应均衡施肥。

1. 腐熟粪肥

粪肥是有机肥，它能活化土壤，保水保肥，提高化肥的利用率，改善蔬菜的品质。以优质的鸡粪为例，它以N氮P磷K钾含量高，养分全，肥效持久得到菜农的青睐。但是粪肥必须腐熟后，才能施到棚室中去，否则，让没有腐熟的生粪直接用到棚中，鸡粪自身会吸收水分，散发热量，在这过程中，会散发出氨气，二氧化氢等毒气，同时含有的尿酸盐还杀死了土壤中含有的大量有益菌，使土壤理性化变劣，导致或加重土传病害的发生，同时，还会对黄瓜幼苗造成炝苗，烧苗，烧根等现象，所以说，生粪严禁下地，必须腐熟，腐熟后的粪肥施到土壤中，会被黄瓜根系直接吸收利用，根好苗壮。

2. 腐熟方法

用专用的粪腐熟剂培根或肥力高，2m³ 粪腐 500mL，喷到已撒到棚里的粪肥上，翻耕，48～60 小时粪肥就能完全腐熟，还能补充有益菌，减轻土传病害。粪肥必须腐熟才能下地使用。

3. 底肥的标准

亩用腐熟的有机肥 12～15m³，知根矿物肥 100kg，复合无机肥 50kg，阳光生态菌肥 200kg。

（三）好技术

定植：黄瓜苗长到三叶一心时，准备定植。

1. 大水造墒

移栽前 7～10 天先浇大水造墒，改变传统的栽苗后浇大水的方法，亩用硅力奇 6kg 随水冲施，此法可有效的活化土壤，降解盐害，解除生粪烧根及有害气体的危害，净化过虑土壤中的有害物质，改良棚室土壤的生态环境。

2. 整地起垄

高度 20～25cm；大行 80cm，小行 60cm，株距 30cm。

3. 穴施护根

定植穴内穴施激抗菌，亩用 20 袋，拌土撒施，根好棵壮。

4. 移栽蘸根

移栽前两天，用甲壳素 1 000 倍喷雾叶面，解毒复壮。

移栽前一天，用生物菌寖蘸穴盘，防土传病害。

5. 免疫复壮

定植后 5 天用壮园甲 25mL＋植保一号 1 袋，对水 15kg 喷雾防病。缓苗后浇水不要浇空水，随水冲施培根或壮苗棵不死进行土壤活化，是黄瓜生长期的核心技术环节，处理到位后基本无土传病害。

第一水：亩用壮园甲 2 瓶＋培根 2 瓶；

第二水：亩用硅力奇 1 桶。

生长期：重点是控秧促根，防止徒长旺长，根据实际不情况适时浇水，应小水勤浇，不可过于干旱。

浇水前：根据蔬菜的生长态势用利丰铁 2~5mL 对水 15kg，喷施生长点，2 天后浇水。

6. 盛果期肥水管理

黄瓜在生长采收的过程中，消耗了大量的养分，应时补充。此时期，冲施肥药要综合考虑到黄瓜的营养特点，掌握好肥料的施用量，把握好有机无机生物肥的配合尺度。才能获得好收成，好效益，经我多年的生产实践，总结出高产防病高效的冲施方法，供参考。

（1）亩用 10kg 大豆磨浆煮熟＋全能水溶肥 5kg。

（2）硅力奇 1 桶。

（3）亩用有机螯合剂鑫动力 1kg＋复合肥 10kg。

以上配方按顺序使用，10~15 天一次效果好。

冬天浇水，一定做到小水勤浇，以水带肥以水带药，以生物肥水壮根，养花养果。

（四）好农药

1. 霜霉病和角斑病等病害混发防治

当黄瓜秧长至 50~100cm 时，如防控不力发生霜霉病和角斑病等病害混发时，1 喷雾器（15kg）水可用 50% 霜疫克 20mL 或 72.2% 普力克 15mL 或 10% 烯酰吗啉悬浮剂 25g＋47% 春雷·王铜 25g＋壮园甲 30mL＋白糖 30g 于晴天上午喷雾防治。

2. 点花

黄瓜一般 7~8 叶以下不留瓜，为的是根深叶茂，8 叶以后适时蘸花高产。可用强力座瓜灵（规格：瓶装 5mL 瓶）。

兑水量与气温的关系：气温 10~16℃ 时，每瓶兑水量 100~250g；气温 17~25℃ 时，每瓶兑水量 250~375g 气温 26~30℃ 时，每瓶对水量 375~500g。

3. 烂蔓死棵防治

天气转冷后，注意嫁接后防止黄瓜增生毛根，再次植入土壤，失去嫁接意义，并发烂蔓死棵（烂南瓜根）等病害，所以要养根，一且有死棵现象要辨证施治，一般用壮园甲 1 000 倍＋培根 1 000 倍或棚毒消 1 500 倍扎眼灌根，在使用微灌的棚室中用微灌灌根。

4. 黑星病的预防

当黄瓜长至第十三片叶左右，约 100～150 cm 时，在阴雨连绵或地温低时容易发生黑星病，可用 25% 丙环唑乳油 1 000 倍＋氨基钙 700 倍＋壮园甲 1 000 倍混合防治。

5. 灰霉病的预防

在 11—12 月时是盛果期，要保证水肥供应盛果期是瓜菜需肥的最大效率期，也是病害的多发期。一旦遇到阴冷雨雪天气，湿度大低温寡照，棚容易导致灰霉病等病害的发生。灰霉病是一种低温病害 3～30℃ 均可发病，防治难度大危害严重，如防控不力，会给菜农造成很大的损失，这类病害分两种方法防治。

（1）熏。亩用菌核净 200 g，在初花期的下半夜用玉米芯（燃烧后无明火时）置于 4 个火盆内均匀地分布于棚中，每个火盆 50 g 菌核净放烟，次日放风透气。

（2）防。①可微灌设备随水将药滴于根部，通过根系内吸传导，预防效果好；②用 40% 嘧霉胺 800 倍＋红糖 500 倍＋壮园甲 800 倍，喷雾防治；③蘸花：蘸花药中加灰霉药；如 40% 施佳乐悬浮剂 10 滴；④用嘧霉胺 25 g＋特功 1 000 倍＋红糖 30 g 喷雾防治效果好。

6. 花打顶、瓜打顶的预防

由于气温低光照弱地温低，就根系弱毛细根少，营养吸收不良，造成一些生理病害，如花打顶，瓜打顶缺素症等。这时应在农药中增加细胞分裂素 800 倍，壮园甲 800 倍，氨基钙 800 倍，混合喷施效果好。

（五）好设施

1. 增温

（1）要保证棚体本身的密封性。草帘达不到 3 cm 厚的要加双层草苫覆盖。在温室前挖防寒沟。沟内填麦草、炉渣。温度低时温室内再套小棚。

（2）加围裙。温室前沿东西方向挂薄膜。夜间大棚裙膜四周再盖一层稻草帘（裙帘）。

（3）在草帘上加盖防雪膜。加盖二层薄膜。白天拉开，晚上盖上。上风口 0.5~1m 处架设挡风膜。

2. 补光

温室作物是反季节种植，冬季昼短夜长，缺光作物不能进行正常的光合作用，影响开花、授粉、结果，造成作物多病、减产。

（1）植物生长灯的作用。节电、光效高、寿命长，光效是同瓦数节能灯的两倍，是白炽灯 10 倍，使用寿命 8 000 小时以上。可提高开花坐果率，果型整齐度好，无畸形果，生产的蔬菜减少了或不使用农药、激素，是健康食品，利于社会大众。

（2）植物生长灯安装要求。生长灯有效照射半径 2m，使用防水灯口。高度根据植物高度以 1.5~2.5m 为宜。叶菜棚灯距 4m，果菜棚灯距 5m 为宜。日出前或日落后间隔 2 小时补光，达到最好光照长度。需要天天补光，晴天时一般蔬菜应补光 2~6 小时，遇雾、雪、阴天全天补光若要省人力，可以买微电脑自动定时开关为达到最好效果，建议配反光灯罩。

3. 张挂反光幕

（1）反光幕的作用。在日光温室栽培畦北侧或靠后墙部位张挂反光幕，有较好的增温补光作用，是日光温室冬季生产或育苗所必需的辅助设施。

（2）反光幕张挂方法。随日光温室走向，面朝南，东西延长，垂直悬挂。

张挂时间：一般在 11 月末到翌年的 3 月，最多延至 4 月中旬。

张挂步骤：（以横幅粘接垂直悬挂法为例）使用反光幕应按日光温室内的长度，用透明胶带将 50cm 幅宽的三幅聚酯镀铝膜粘接为一体。在日光温室中柱上由东向西拉铁丝固定，将幕布上方这回，包住铁丝，然后用大头针或透明胶布固定，将幕布挂在铁丝横线上，自然下垂，再将幕布下方折回 3~9cm，固定在衬绳上，将绳的东西两端各绑竹棍一根固定在地表，可随太阳照射角度水平北移，使其幕布前倾 75～85°。也可把 50cm 幅宽的聚酯镀铝膜，按中柱高度裁剪，一幅幅紧密排列并固定在铁丝横线上。150cm 幅宽的聚酯镀铝膜可直接张挂。

（3）注意事项。反光幕必须在保温达到要求的日光温室才能应用。如果保温不好，光靠反光幕来提高棚内的气温和地温，白天虽然有效，但夜间也难免受到低温的危害。因为反光幕的作用主要是提高大棚后部的光照强度和昼温，扩大后部昼夜温差，从而把后部的增产潜能力挖掘出来。反光幕的角度、高度需要随季节、蔬菜生产情况等进行适当的调整。日光温室早春茬蔬菜定植多在 12 月至翌年 1 月，此时，植株矮小、地温低、影响缓苗，使用反光幕主要起到提高地温、促进缓苗的作用。冬季太阳高度角度小，悬挂的反光幕一般较矮，贴近地面，以垂直悬挂或略倾斜为主。在蔬菜植株长高后，植株叶片对光照的要求增加，尤其是早、晚光照较弱时，反光幕主要起到提高光合作用的目的。

二、白菜栽培及制种技术

（一）秋季大白菜栽培技术

秋季大白菜被老百姓称为北方地区的"当家蔬菜"，是冬春季的主要蔬菜。我国北方地区 9 月下旬至 10 月下旬是蔬菜供应淡季，此季鲜菜品种少，价格高，供应量严重不足。如果大白菜能在这个时间上市，需求量大，能很好满足市场供求关系，菜农也能得到更高的收入。获得秋大白菜优质高产的关键技术要点如下：

1. 选择优良品种

大白菜品种繁多，不同品种其适应范围和品种特性有差异，选择适宜的优良品种是大白菜育苗成功的关键技术之一。优良品种应具备耐高温、抗病、生育期短，结球性强，商品性好等特点。一般宜选用生育期 60 天左右，单球质量 2kg 的品种。主栽品种可选用科萌银 55、晋绿 5 号、鲁抗 55、山东 19 号、早熟 5 号、小杂 55 等早熟大白菜品种。

2. 育苗方式

早秋大白菜的种植恰好在 7 月下中旬至 8 月上中旬，此时，气温较高，雨水过多，常常影响和抑制大白菜幼苗的生长，导致后期减产。因此，适宜采用穴盘育苗移栽的方式种植，苗期可避开雨水对幼苗的侵害，移栽后缓苗快，成活率高。穴盘育苗移栽，一般选用塑料穴盘的尺寸为 54cm×28cm、50 孔穴盘育苗性价比最佳。大白菜穴盘育苗对基质要求不太严格，可选购配制好的专用商品基质或加配 1/3 自制过筛土，装入穴盘，也可用细筛子筛过的细土，草炭，蛭石，这 3 种物质以 3∶3∶1 的比例混合搅拌均匀装入穴盘，将混合好基质均匀地装入穴盘里。干土播种，基质要装满，然后两穴盘对齐上下挤压为快速简易打孔，每穴一孔，一穴 2～3 粒，播种后覆 0.3～0.5cm 细土镇压，用喷壶喷透水，然后将苗盘摆在已准备好的床面上；湿土播种，穴盘装土深度大约为穴盘的 2/3，浇水要浇透，当育苗盘中的水完全的渗入基质之后，开始播种，每穴 2～3 粒，随后覆一层细土。为了降温、防雨及减弱强光对幼苗伤害，搭建遮阳网为苗遮阴，播种 2 天后出苗。由于穴盘里的土壤少，温度高，蒸发快，白菜出苗后每天喷水 2 次，早晚各一次。大约一周后，进入"拉十字"期，苗子有了一定的叶面积，光合作用所制造的养分可以满足自身生长的需要，进入快速生长期，需要及时进行间苗，以防苗子拥挤徒长。一般一穴留 2 小苗。

3. 整地施肥，起垄栽培

因秋早熟大白菜生育期短，生长速度快，应选择地势较高，排灌方便，土壤肥沃，富含有机质的地块，结合深犁细耕，每亩施有机肥 3 000～5 000kg，矿质元素 40～80kg，三元复合肥 15～25kg，充分拌匀后撒施翻地，翻地后起垄，每亩沟施生物菌肥 80～120kg，并起垄栽培。一般垄距 50～60cm，垄高 15～20cm 为宜。因为早秋大白菜生育期短，生长速度快，所以，起垄栽培，首先是增加了土壤耕作层的厚度，为根系的生长创造了有利条件；其次是便于浇水和防涝；另外，还有利于通风，能有效地减轻病虫害的危害程度。

4. 适时定植，合理密植

当大白菜的小苗长出 5~6 片真叶的时候，带土坨定植，深度应掌握土坨与垄面的高度一致，不可过深使泥土埋住菜心，影响缓苗。早秋大白菜种植的株距为 40cm 左右，种植的密度不宜过大，定植密度根据品种、不同地力而确定，一般每 667m^2 定植 3 000~3 200 株。定植后，立即浇水，将小苗四周的垄面浇透。

5. 田间管理

（1）适时浇水，科学施肥。应肥水齐攻，一促到底。早秋大白菜的施肥方式和秋季大白菜不同，施肥时间早，施肥应少量多次，一般追肥 3 次。莲座期生长量迅速增加，一般每 667m^2 施尿素 10kg，沿着垄的两侧均匀的撒施，沟土培在垄的两侧，及时盖肥浇水；结球期选用高氮、高钾、低磷速效复合肥追施 2 次，每 667m^2 施复合肥 25kg，可将肥料施在垄两侧，适当培土扶垄，并及时浇水。浇水次数可根据降雨情况而定，确保垄面见湿不见干为宜。结合施肥进行浇水。适当补充硼和钙元素，缺钙易引起"干烧心"现象，影响商品性及品质。暴雨后疏沟排渍，以防发生软腐病等病害。

（2）病虫害防治。病虫防治采取预防为主，综合防治为辅。适时用药，交替用药，安全用药，科学混用，因地、因时、因病用药，提高药效防效。早秋大白菜主要病害为病毒病、霜霉病、软腐病，害虫有蚜虫、菜青虫。病毒病的主要症状是叶片弯曲皱缩，生长缓慢，叶脉上产生褐色坏死斑或条斑；霜霉病的主要症状是叶背出现白色霉状物，叶片饿颜色由淡黄色变为淡褐色，发病重时叶片枯黄。预防病毒病的主要措施是选择抗病的品种。早秋大白菜的虫害主要是菜青虫和小菜蛾。危害白菜叶片，可吃成透明"天窗"或孔洞。预防虫害的主要措施是勤观察，及早发现病虫。

一般在缓苗后开始喷药预防。苗期及早防治蚜虫可切断病毒传染源，从而减少病毒病发生。病毒病发病初期，用 20% 盐酸吗啉胍·铜可湿性粉剂 500~600 倍液，或用 1.5% 植病灵悬浮剂 1 000 倍液交替喷雾防治；软腐病始发期用72%农用链霉素可湿性粉剂3 000倍液，或用72%农用硫酸链霉素3 000～4 000倍液喷雾防治；蚜虫用2.5%溴氰菊酯乳油2 000～3 000倍液，或10%吡虫啉可湿性粉剂1 000～2 000倍液喷雾防治；菜青虫3龄前幼虫用5%氟苯脲可湿性粉剂1 000～2 000倍液，或1.8%阿维菌素乳油3 000倍液喷雾防治。

6. 及时采收

为获较高效益，避免腐烂，应挑选结球紧实的植株及早上市。

（二）利用大白菜雄性不育系杂交制种技术

大白菜是我国分布最广、栽培面积最大、深受人民喜爱的蔬菜作物，具有明显的杂种优势。目前，大白菜杂种优势利用主要有两条途径：一是利用自交不亲和系；二是利用各种途径选育获得的雄性不育系。自交不亲和系生产一代杂种应用较多，但存在种子成本高，杂交率低等问题。而利用雄性不育系生产一代杂种可以前者制种的缺陷，杂种一代纯度可达100%，但目前在国内外应用较少。因此，将该技术推广应用，可提高种子产量和质量获得更高的经济效益。主要技术有：

1. 采种方法

采用塑料棚膜再加棉垫覆盖、阳畦冷床、穴盘育苗法。该技术简便易行，培育的幼苗齐、全、壮，定植成活率高，效果好。

2. 育苗前的准备

（1）苗床的准备。选择背风向阳、地势平坦、便于管理的地方做苗床地。在地表结冻之前及早做床和风障。苗床内底宽1.2m，东西延长11m为一个标准床，每亩共需苗床面积13m² 左右，在做好苗床后加塑料覆盖，播种前20天左右再加草苫覆盖保温，白天揭起，晚间盖上。各地可根据不同地区的气候特点选择覆盖物。

（2）穴盘的选择。大白菜杂交制种一般选用塑料穴盘的尺码为54cm×28cm、50孔穴盘育苗杂交制种性价比最佳。

（3）基质的选择。可选购配制好的专用商品基质或加配1/3自制过筛土自制基质装盘，刮去多余的基质，将穴盘对齐上下挤压打孔后，置于阳畦等设施内等待播种，并准备覆盖土或基质。

3. 播种

（1）播种时间。一般当地气温稳定在0℃以上可开始播种育苗，从播种到定植育苗期55～60天，同时，要根据父、母本花期不同，确定父、母本播种时间，保证父、母本花期相遇。太原地区，一般在1月底2月初播种。

（2）播种方法。大白菜原种金贵，播种时1穴1粒或2粒，干籽直播，播种后覆细土0.3～0.5cm镇压，喷透水后用微膜覆盖，然后立即将苗盘摆在阳畦育苗床面上，加设施覆盖，四周用土封严保温，出苗后及时揭去微膜，防止烧苗。

4. 苗床管理

（1）出苗前管理。播种后到出苗前，每天9：00左右揭去棉垫，16：00左右及时盖上。阴天适当晚揭早盖苫子，尽量提高床温，促进出苗。大约7～10天苗可出齐。

（2）苗期管理。培育壮苗是制种高产的关键。幼苗顺利通过春化的最低温度控制在0～7℃，最适生长温度在20～22℃。每天应观察床温，及时采取放风降温措施放风炼苗，以逐渐适应露地气候环境，增强苗的抗寒耐寒能力；整个育苗期间采取控水管理，做到少浇，不干不浇，严防秧苗徒长，影响发芽分化，导致制种减产。

（3）苗床虫害预防。定植前向育苗床喷施乐果或一遍净等杀虫剂农药，防治蚜虫和小菜蛾，此时，施药省工省药，防治效果好。并仔细观察、发现异株、杂株、劣株及时拔除，以保证种子纯度。

5. 空间隔离区划定

大白菜是昆虫传粉的异花授粉作物，极易与白菜、油菜、芜菁等植物杂交串花，因此，选地非常重要。在制种地块1 000m以内不准有其他大白菜品种采种，在2 000m以内不准有小白菜、菜苔、蔓菁、芥菜、白菜型油菜、芥菜型油菜、甘蓝型油菜等作物采种。原则上每个自然村只制一个杂交种。

6. 土地的准备

（1）选地。选地势平坦，排灌条件良好，地力均匀肥沃、疏松的地块，不要选择盐碱地制种。忌十字花科蔬菜连茬。

（2）整地施肥。施足底肥，追施复合肥，适当控制氮肥的原则，每 $667m^2$ 施腐熟农家肥 2t，以加配一定量的磷、钾、氮肥为基肥，深翻耙平，整平畦或小高垄便于定苗后管理，畦长 7m，宽 1.2m，地膜覆盖。

7. 定植

（1）定植时间。各地定植时间以 10cm 地温稳定在达 5℃以上为宜。山西太原、晋中地区一般在 3 月底至 4 月初定苗，真叶 5～6 片，苗龄不超过 60 天为宜，否则由于春化时间过长，导致种株过早抽薹开花，严重影响种子产量。

（2）定植比例。首先按"行比"定植父本，然后再定植母本，一般父母定植比为 1：4；父母本定植株比为 1：3 较合适。

（3）定植行株距。一般采用小高畦栽培，畦宽 1.2m，栽两行，行距 50～60cm，母本株距 40cm，父本株距 35cm，每 $667m^2$ 约需母本苗 2 200～2 300株，父本苗 650～750 株。母本总株数所占比例要大，每行定植父本密度较母本大些，确证杂交种子纯度同时，可提高制种的产量。

（4）定植方法。各地定植方法不尽相同，但定植时覆土深度与营养土坨相平，忌营养土坨破碎，忌定植过浅或过深。定植时要浇定植水，定植后要浇透定苗水。采用先定后覆膜技术，提高缓苗速度。

8. 田间管理

一般从定植到开花 30～40 天。花期 25～30 天，花期结束到种株收割约 30 天，总计 90 天左右。科学田间管理，对制种产量起决定性作用。

（1）施肥、浇水、中耕锄草。缓苗水不宜早，一般 10 天左右进行浇水，地面半干时深锄一次，有利于提高地温及根系生长，为下阶段生殖生长打下良好基础；以后根据天气情况，进行浇水，随后中耕锄草；种株 80% 主薹抽出 10cm 左右时，结合浇水开始追肥，每亩施尿素 20~25kg，叶面喷磷酸二氢钾或硼酸溶液 2~3 次，都有明显增加种子产量的作用；盛花期一定要使土壤保持湿润状态，不能缺水，每隔周浇水一次，大部分种子定浆后一般不再浇水，促进种子成熟，并要做好收获准备。

（2）搭支架防倒伏、放蜂授粉。搭架是大白菜杂交制种增产的重要措施之一。大白菜种株生长势强，主薹高侧枝多，浇水后刮风倒伏会造成减产，因此，实施搭架可提高制种产量。搭架应在主薹伸长 50cm 左右时进行，方法多种多样，最简单的可单株直立插一根 1m 高的架杆（竹竿、向日葵秆、树枝等），用草绳、布条或塑料绳将主薹中部与架杆捆绑在一起即可，还可以 4~6 株一簇群体搭架。

放蜂授粉，母本不育系雄蕊退化没有花粉，只有靠昆虫把父本花粉传给母本，母本才能结实。因此，制种田产蜂源充足是制种高产的关键。一般在花期应组织统一放蜂，最少保证每 2 000~3 300 m^2 放养一箱蜜蜂，多一点更好。

（3）撤掉蜜蜂、拔除父本。当制种田母本主要分枝顶部进入终花期，及时撤掉蜜蜂、拔除父本自交系，紧接着喷药防病防虫。

9. 收获

当母本种株半数荚变黄，选清晨露水未干时收割。最好堆放在塑料布上，晾晒 1~2 天抓住晴天及时脱粒，在脱粒、晾、晒、运输、储藏过程中严防机械混杂，测定水分含量不超过 7% 方可装袋，种子袋内、外都要挂放标签，标明品种代号、制种户名、年度等入库。

主要参考文献和网站

［1］温变英著．节能日光温室建造与栽培实用技术．中国农业科学技术出版社，2012.

［2］曾明．菜园里的学问．中国轻工业出版社，2011.

［3］吕佩珂，李明远著．中国蔬菜病虫原色图谱．农业出版社，1998.

［4］王统正．蔬菜高产优质栽培．农业出版社，1989.

［5］腾讯课堂—乔老师大讲堂.

［6］腾讯课堂—潭州农业学院.

［7］http：//www.qlsnykj.com/sgta/270104.aspx.